遺言

私が見た原子力と放射能の真実

エネルギー問題と
医療問題に革命を起こす
超小型原子炉と放射線ホルミシス

電力中央研究所・元名誉特別顧問
服部禎男

はじめに　～異常気象と貧富の差の拡大がもたらす人類の不幸～

原子力こそが人類を救うエネルギーである――。

２０１１年３月11日に、東日本大震災が発生してから６年が経ちました。

１万５千人以上もの尊い命が犠牲となり、いまなお20万人あまりの人々が避難生活を余儀なくされています。

福島第一原子力発電所が津波の被害を受け、原子炉の炉心の溶融とその後に水素爆発が発生したことから、大気中や海洋に多量の放射性物質が放出されました。

その結果、被災地で穫られた農作物や海産物、畜産物等の不買運動が起こり、子供たちの甲状腺がんの増加といった健康被害にまつわるデマが流れるなど、多くの人々が不安を抱えながらいまも毎日を過ごしています。

日本中がそんな状況にあって、「原子力こそが人類を救う！」などと言えば、国民全員から白眼視されてしまうでしょう。

しかし、これまで人生の大半を原子力の研究に捧げてきた研究者の立場から言わせてもらえば、いま日本中に蔓延している「原子力＝悪、あるいは、怖いもの」というとらえ方は根本的に間違っています。また、政府の被災地への対策や国民の過剰な反応は、事態をさらに悪化させているとしか言いようがありません。

あたかも原子力発電所が稼働している限り、人類に平和な未来は訪れないという風潮はなんとしても打破するべきです。

実際はまったく正反対なのです。

人類がこのまま石炭や石油、天然ガスといった化石燃料に頼り続ける限り、人類に明るい未来などないと断言していいでしょう。

2017年現在、私たちを取り巻く現実はどうでしょうか？

森林破壊や大気汚染などにより引き起こされる地球温暖化や砂漠化、大洪水、熱波や寒波、ハリケーンの増加といった異常気象、人口の増加やそれに伴う食糧やエネルギー不足などなど、地球環境の問題はより深刻化しています。

温暖化や異常気象といった問題は、私たちが日々の生活を営む上で発生する二酸化炭素（CO2）の増加と密接に絡んでいるだけに対策が急務です。

CO2などの温室効果ガスの増加は、地球の温暖化を招き、海面の上昇、降水量（あるいは降雪量）の増加、日照時間の減少や、エルニーニョ現象など、大気や海流の変動を引き起こすと考えられており、これが異常気象につながっているのです。

これらの異常気象の元凶は、人間の営み、主に自動車と火力発電により発生するＣＯ２の増加であるといわれています。

現在の地球表面の大気や海洋の平均温度は、１８９６年から１９００年ごろに比べ、０・７５℃暖かくなっているといいます。

たったの０・７５℃と思われるでしょうか？

いまから約２万年前、大地が氷にもっとも覆われていた氷河期の最寒冷期における平均気温は、いまより５℃低かった程度であるといわれています。

たった１℃の気温の変化が地球環境や生態系に及ぼす影響は、私たちの想像をはるかに超えた大きなものなのです。

最近の「気候変動に関する政府間パネル」（ＩＰＣＣ）の報告によると、２０２０年には大気中のＣＯ２のさらなる増加により、海水が酸性に傾き、植物性プランクトンが急激に減少するだろうといいます。

あまり知られていませんが、海洋の植物プランクトンは、地球の気候を調節する上で大きな役割を果たしています。

植物性プランクトンが光合成を通じて大気中から取り込むCO2の総量は、熱帯雨林などによる陸生植物のCO2吸収の数倍もあるのです。

まさに「海の森」と呼ばれる所以です。

森林伐採により熱帯雨林が減少し、その上、温暖化によって海水が酸性になることで、植物性プランクトンまでいなくなってしまったら、大気中のCO2は吸収されることなく増大を続け、その温室効果により地表の温度は急上昇するでしょう。

地球環境は激変します。

異常気象が当たり前になり、農作物が育たなくなれば、私たちは食糧難に陥るでしょう。生態系が破壊され、陸上水生の動植物が絶滅し、畜産や海産も大打撃を受け、人類はかつてない飢餓に見舞われるようになります。

気温の上昇により、地球が渇きます。

20世紀は石油をめぐって戦争が起こりましたが、21世紀は水をめぐって争うことになるでしょう。

IPCCはさらに、2100年には平均気温が、1・8から4℃（最大推計6・4℃）上昇すると予測しています。そうなれば、地球は灼熱の大地と化し、もはや人が住める星ではなくなるでしょう。

大量のCO2を排出する化石燃料を使用した火力発電と自動車の使用に制限を加えなければ、遅かれ早かれ、いえ、予想するよりずっと早く、私たちはそのような事態に直面することになるのです。

いま、世界の国々はどのくらい火力発電に頼っていると思いますか？

エネルギー発電の方法には、火力発電、原子力発電、水力・風力発電、太陽光発電などがあり、各国の電力構成はエネルギー資源の有無や政策の違いによっても異なります。

たとえば、アメリカは化石燃料による火力発電が60〜70％を占め、原子力発電は20％ほどですが、エネルギーの自給自足を目指しているフランスは80％が原子力発電で、火力発電は10％を切っています。

これに対して、日本では火力発電が80％弱、原子力が10％以下です。今後さらなるエネルギー需要の見込まれる中国では、火力発電が80％、原子力発電は2％以下、同様に発展途上国のインドも火力発電が80％以上、原子力発電は数％程度です。アジア・太平洋地域は、特に火力発電への依存度が高いのが特徴です。

このように、世界の国々はまだまだ化石燃料に依存しているのが現状なのです。これから大きく発展していくと予想されるアフリカや中央アジア、中国、インド、ロシア、南米といった国々が、先進国と同じレベルの生活を享受しようと、化石燃料をエネルギーとしてさらに多く使っていくことになったらどうなるのでしょうか？

途上国が低コストである化石燃料を選ぶ事態は避けられません。そうなれば、膨大な量のCO2が排出され、温暖化は激烈なものとなるでしょう。

もはや、エネルギー問題は地球レベルで考えるべきときに来ています。

多くの貧しい国々では飲料水不足で毎日多くの人々が亡くなっています。地球は水の惑星といわれるように膨大な水が存在しますが、そのほとんどが海水であり、そのままでは人が活用することはできません。

いまアフリカや中東で海水の脱塩淡水化の取り組みが進められていますが、そのために必要なエネルギーを産出するために化石燃料を使っていては地球温暖化にますます拍車をかけることになるでしょう。

CO2の放出を伴わないクリーンでかつ、安全で経済的なエネルギーがあれば、地球環境の問題や人類が抱えるエネルギー問題をすべて解決することができるでしょう。

そんなエネルギーがあるのでしょうか？

答えは「ＹＥＳ」です。

それこそが「原子力エネルギー」なのです。50年以上にわたって原子力発電を研究してきた、それが私の答えでもあります。

21世紀に必要とされるエネルギーは、まず安全であること（Safety）を大前提に、安定して供給されること（Energy Security）、経済的であること（Economy）、環境にやさしいこと（Environmental Conservation）、この「S＋３E」の要素を満たしていることが重要です。

21世紀に求められるエネルギーとは？

●安全：Safety
●安定：Energy Security
●経済的：Economy
●環境にやさしい：Environmental Conservation

火力発電、水力・風力発電、原子力発電、太陽光発電と、エネルギーの発電方法ごとに長所と短所がありますが、これからは複数の発電方法を組み合わせることによって、それぞれの短所をカバーするといった発想が必要になるでしょう。

現在の日本を見てみると、火力発電の場合、燃料は輸入する必要があり、中東の情勢や投機活動などによりコストは常に不安定で、大量のＣＯ２が排出されます。

福島原発の事故により日本中の原発にストップがかかり、それを補うために火力発電がフル活動することになりましたが、燃料代は１日に１００億円ともいわれています。

一方、原子力発電の場合、燃料は輸入ではありますが（実はこの問題も解決方法がすでにあります。それは後述します）、備蓄性にすぐれ、コストは安定していて、ＣＯ２を排出することはありません。まさに理想的な発電方法なのです。また、後で詳しく述べますが、大方の人々が恐れるような危険なものではないのです。

エネルギー政策を転換して、原子力発電に比重を少しずつ移していけば、排出されるＣＯ２を大幅に削減していくことができます。

地球の未来を見据え、人類の幸福を考えるならば、私たちが原子力発電に大きく舵を切らなければならないことは明らかです。

この星とともに人類もまた終焉を迎えるか、原子力発電を選択して明るい未来を創造するか、ほかには選択の余地はありません。

これはガイア理論の提唱者であり環境主義者であるジェームズ・ラブロックも同じことを言っています。

私は本書を遺言のつもりで書きました。

50年以上にわたって原子力発電の研究に携わってきた経験から、世の中に原子力についてのたちの悪い噂やデマがあふれていることを知っています。原子力エネルギーへの大きな転換を快く思わない人たちが少なからず存在することもよくわかっています。

世界経済を支配する側にいる人々によって、意図的に嘘の情報が流されることもよくあります。彼らの思惑に反対する発言や行動を取る人たちが迫害されてきたという暗い歴史があるのです。

3・11においても、マスコミによる大がかりな印象操作がありました。

1万5千人を超える死者を出した大惨事は津波の被害によって引き起こされたのであって、原発の事故および放射線の直接的な被害による死者は一人もいません。

しかし、テレビや新聞、雑誌などのメディアは原発反対の意見ばかりで、原子力や放射能による健康被害についてなど、真実ではない情報まで拡散されている始末です。

さらにいえば、政府の対策にも問題が多すぎます。

避難地域をつくって住民を追い出すなど言語道断です。家を失い、家畜や農地を奪われ、希望を失い自殺をした人まで出ているといいます。これでは国民の恐怖感情をさらにあおることにしかなりません。

大気中に飛散した放射性物質の影響により、福島を中心に健康被害が続出しているなどという話は根拠のない出鱈目ですし、福島県内での除染作業に5兆円もの費用がかかると試算されていますが、これらはまったく必要のない作業であり、すべてお金の無駄遣いです。そのことは本書を読めば、おわかりいただけるでしょう。

私は原子力の専門家として、みなさんに真実を知っていただきたいと願っています。有害でしかないと思われている放射能（放射線）とは本当はどういうものなのか、原子力がいかに安全でかつ次世代を担うにふさわしいクリーンなエネルギーであるか、ぜひ読者のみなさんに知っていただきたいのです。

（※「放射能」と「放射線」についてですが、正しくは、ウランなどの元素が「放射線」

を出して別の元素に変化する性質のことを「放射能」といいます。この本では一般的に理解されているように、「放射線」を出す元素や放射性物質などのことを「放射能」と表現します）

原子力発電が誕生して60年の歴史の中で、蓄積された膨大な叡智と技術があります。私が提唱する「超安全小型原子炉」はその結晶です。

これまで世界で建造されてきた大型の原子炉ではなく、超小型の原子炉であれば、本質的に安全であり、原理的に事故を起こさないことがわかったのです。

場所を取らない超小型原子炉を分散配置すれば、世界のどんな僻地であろうとも、安定した電力を供給することができます。そこには、人々の暮らしの中に安心が生まれることでしょう。

原子力こそが人類を救うエネルギーである——。

近い未来、人類はいまよりずっと賢くなって、より高度な科学技術を手に入れ、戦争や紛争、自然災害、飢餓や貧困といったもろもろの課題を克服できる。より幸福で豊かで平和な暮らしを手に入れている……。

これは私が子供のころに思い描いていた21世紀の未来の姿です。そこには希望があふれています。

私たちを待っている未来は不安や絶望ではありません。現実がどんなに過酷であろうとも、そこには必ず希望の種がひそんでいるものです。

私が推進したいと提唱している「超安全小型原子炉」は、世界を救う希望になりうる技術であることを、これから本書をとおしてお話ししていきましょう。

平成29年10月

服部禎男

目次

第2章 闇に葬られた技術
～アメリカが教えてくれた乾式再処理と金属燃料～

第3章 「パンドラの約束」とは何だったのか

～アルゴンヌでの奇蹟と誓い～

第4章 原発と放射線に関する誤解

～原子力を怖がらせる必要があった～

第5章 放射線ホルミシスとは
～福島の健康被害など絶対にありえない理由～

第6章 神の贈り物としての原子力と日本人の使命

～2発の原爆と原発事故を日本が受けた意味～

第1章

超小型原発は世界を救う

～50年温め続けた革新的原発～

原子力ほど安全なエネルギーはない

この世界にあるすべての物事に二つの側面があるように、原子力にもまた「天使」と「悪魔」の二つの顔があります。

原子力は、CO_2を生まないクリーンかつ効率のよいエネルギーとして、平和的に利用できる一方で、核兵器という大量破壊兵器を生み出すこともできるのです。

私たち日本人は、広島と長崎に2度の原子爆弾の被害を受け、さらに、3・11で原子力発電所の事故に見舞われ（これは水素爆発であり、原子爆弾とはまったく性質の違うものです）、「飛散した放射線による健康被害を心配して暮らしています。

このような不運な過去から、いまこの国の大多数の人々は、「原子力は危ない」、「放射能（放射線）は怖い」というイメージを抱いているのではないでしょうか?

しかし、それでは原子力というエネルギーの「悪魔」の一面しか見ていないことになります。

50年以上もの歳月を原子力研究に捧げてきた私から言わせてもらえば、原子力ほど安全なエネルギーはほかにありません。

たとえば、化石燃料がどれほど人類に悪影響を及ぼしているのか、ほとんどの人は知りませんが、世界保健機関（ＷＨＯ）によれば、大気汚染が原因で、世界で年間７００万人が死亡しているといいます。このうちの１割が火力発電によるものだといわれています。

化石燃料の中でも石炭は最悪の燃料といわれ、アメリカの石炭火力発電所は、毎年44トンの水銀、73トンのクロム、45トンの砒素を排出しています。これは数十万人分の致死量に相当します。日本でも年間22トン以上の水銀が大気中に排出されており、そのうち１・3トンが石炭火力から出たものと考えられています。

エネルギーの発電方法によって死亡率は異なりますが、「テラワット／時」当たりの平均死亡率を計算すると、石油の場合は36人、石炭の場合は１６１人、原子力の場合は０・０４人となります。原子力は風力に次いで安全なエネルギーなのです。

世界では過去に原子力発電所の事故がたびたび起こってきましたが、史上最悪の事故と呼ばれたチェルノブイリ原発事故を含めても、死者の数は過去50年の間に59人です。もちろん福島の原発事故では一人も死亡していません。事故後に現地にとどまり、まさに命懸けで収束作業の指揮をとった吉田所長の死は、放射線の影響ではなく、ストレスによるものです。

これらの事実を知らされても、原発の事故の場合、「二次的被害が恐ろしいのではないか」、「放射能は長くとどまるのでより危険ではないか」と言う人がいますが、それらの誤解はおいおい解いていくことにしましょう。

原子力は安全であるとはいえ、もちろん高線量の放射線は危険ですから、地震や津波などの災害や、人為的なミス、テロなど、いかなる緊急事態が発生しても、放射能漏れの起きない安全な原子力発電所をつくる必要があります。この点においては、いま現在、世界で稼働中の原子力発電所の多くは改良の余地があると私は考えています。

では、絶対に安全な原子力発電所をつくることは可能でしょうか？

原子力エネルギーの歴史はまだ浅いですが、各国で発生した原発関連の事故を調査することによって、安全性を高めるためにはどうすればよいか、そのために必要な知識が少しずつ蓄積されています。

そこで、私が発案したのが、「超小型原子炉構想」です。

確かに、大きな原子力発電所を建造すれば、それだけ産出されるエネルギーも大きくなりますが、原子炉も巨大になる代わりにその構造自体も複雑になり、コントロールやメンテナンスの過程で多くの人の手がかかるようになります。

そして、人の手がかかるということは、それに比例して必ずヒューマンエラーが発生するということです。人間が作業を行なう限り、ヒューマンエラーは避けられません。

一方、超小型原子炉は小さい上に構造もシンプルなので、人間の手を必要としなくなりますから、ヒューマンエラーが発生する余地がなくなります。

2万キロワットの超小型原子炉であれば、炉心が直径1メートル、200坪のスペースに設置可能です。同じ設計で100基つくれば、価格もぐっと安くなり、安全かつ安価に電気を産出することが可能となるでしょう。


私はこの超小型原子炉は「神様の贈り物」であると思っています。

振り返れば、原子力の研究者としての私の人生はずっと奇跡の連続でした。

もともと無神論者だった私が、原子力というものをとおして、「この世には神がいる」と確信するようになったのも、そのような奇跡を目の当たりにしてきたからです。

世界トップクラスの研究者たちと出会い、教え学び合う機会に恵まれ、世界でも類を見ない「奇跡の実験」の存在を知り、その実験で証明された「奇跡の技術」を習得しました。

会社のお金を使って貴重な経験を積ませてもらいましたが、そのお金は毎月みなさんがお支払いになる電気代から捻出される研究費でもあったのです。そこで得た知識と技術を伝え残すのは私の果たすべき使命でしょう。

本書では、原子力とともに歩んできた私の人生の記録を記しながら、伝え残したい知識と技術の存在をみなさんにお話ししていきます。

21世紀の時代を生きる私たちは、原子爆弾という悪魔を生み出してはいけません。「神様の贈り物」である原子力を人類の平和のためのエネルギーとして用いることを選択し続けるべきなのです。

それでは、私がいかにして「超小型原子炉」という奇跡の技術にたどり着き、「神様の贈り物」であると確信するに至ったかについて語っていきましょう。

私と原子力との出会い

「原子力で原爆ではなく、電気がつくれるぞ！」

１９５６年、名古屋大学工学部を卒業した私が、地元の中部電力に入社した理由は単純でした。電気工学の知識を生かせるかもしれないと思ったこともありますが、地元の企業の中でも独占企業である中部電力がもっとも安定した職場だと考えたからです。

１９５６年というその時期は、１９５３年12月8日に、ニューヨークの国連総会の場で、アメリカのドワイト・Ｄ・アイゼンハワー大統領によって宣言された「平和のための原子力」の後押しを受けて、日本でも原子力の平和的利用が本格的に研究され始めたときでした。

それまで原子力といえば、広島と長崎に落とされた原子爆弾の破壊的なイメージしかなかったので、「原子力で電気をつくる」と聞いたとき、私は「原爆と電力がどうつながるんだろう」と不思議に思ったものでした。そのときは、原子力というものについて、その程度の知識しかなかったのです。

しかし、あの原子爆弾の持つ膨大なエネルギーを創造的に使うことができれば、これまでの火力や水力発電とは次元の異なる、まったく新しいエネルギーが生まれるかもしれないと期待も感じていました。

そもそも原子力エネルギーとは何かというと、物質を構成する原子に封印されているとてつもなく大きなエネルギーのことです。

原子は原子核とそれを取り巻く電子から成っています。

この原子核が二つ以上の原子核に分裂する現象を「核分裂」といいます。

原子力発電所はこの核分裂の際に発生するエネルギーを電力に使うのですが、そこで原材料として使用される物質がよく耳にする「ウラン」です。

なぜウランを使用するかというと、ウランが核分裂を起こしやすい物質だからです。同じウランにも、その原子核を構成する陽子と中性子の数の違いによって、「ウラン235」と「ウラン238」があります。

実は、ウラン235はより核分裂を起こしやすく、ウラン238は比較的安定しています。

ちなみに、二つのウランのこの性質の違いが原子力発電では大変に重要なのです。

ちなみに、天然に産出されるウラン（天然ウラン）の状態では、ウラン238が99・3％、ウラン235はたったの0・7％しか含まれていません。そのため、天然ウランを燃料にするためには、ウランを濃縮する必要があるのです。

ウラン235の原子核に中性子という微小の粒子を当ててやると、核分裂を起こして二つの原子核に分かれます。このときにウラン235の質量の約0・1％がエネルギーに変換されます。

これが原子力エネルギーです。ほんのわずかな質量が膨大な原子力エネルギーとなるのです。

これがどのぐらい膨大なエネルギーかといいますと、ウラン235のたった1グラムで、石炭3トン、石油2000リットル分のエネルギーを生み出すことができます。

ちなみに、広島に投下されたウラン型の原子爆弾では、爆弾に詰められた約50キログラムのウランのうち、核分裂を起こしたのはたったの1キログラムでした。それだけで、あれだけの甚大な被害をもたらしたのです。いかに原子力の力が桁外れのものであるか、おわかりいただけるかと思います。

「うちも原子力を使って電気をつくる技術を研究しなければいけない。誰か若い社員に勉強させよう」

私が中部電力に入社した当時、海外視察を終えて帰ってきた常務のかけ声で、タイミングよく東京工業大学大学院で募集が行なわれていた原子核工学の専門課程に、中部電力から私を含む3人の若者が挑戦することになりました。

入社してまだ3ヵ月しか経っていないころのことです。

「せっかく苦労して大学を卒業したのに、大学院の試験のためにまた勉強し直して、大学に戻ってさらに研究するなんて冗談じゃない！」

私はそう思いましたが、新入社員が断るのも生意気かと思い、覚悟を決めて受験勉強を開始しました。

入学試験は翌年の1957年2月です。残された時間は半年ほどで、試験科目は、数学、ドイツ語、物理などがありました。数学が一番結果に影響すると思い、特に数学の勉強に打ち込んだのが奏功し、私は無事試験に合格しました。

私の人生にはいくつかの奇蹟が起こってきたと言いましたが、最初の奇蹟はこのときだったかもしれません。試験のための準備をしている私に兄が『高等数学』という参考書をくれたのですが、その中に書いてあったことがそっくりそのまま試験に出たのです。おかげで数学のテストは満点に近かったはずです。そのためにその後、私は数学が得意だと教授に勘違いされ、過度の期待を背負わされることになるのですが……。


1957年4月、私は、東京工業大学大学院、原子核工学修士課程に入学しました。わずか10名の枠に志望者は300人ほどと狭き門でしたが、中部電力からは私のほか同期入社組の二人も受験し、両人とも合格、計3人が入学することになりました。

こうして、原子力発電の研究者としての私の人生が幕を開けたのです。

上京して会社の出張者用の東京寮で暮らし始め、中部電力に籍を置きながら、昼は大学へ行き、夜も休日も寮での勉強という過酷な日々が続きました。

そして東工大の大学院で、私は最初の運命的な出会いを果たします。

その相手が恩師となる武田栄一教授です。武田教授は日本における原子力研究の先駆け的な存在で、のちに、日本原子力学会の会長などを歴任されます。

私は、武田先生のもとで2年間、原子核工学を学ぶという僥倖を得ました。

とはいえ、大学院の研究とは名ばかりで、その実はアメリカから毎日大量に送られてくる原子力関連の論文を怒涛の如く読み込むというものでした。とても一人ではこなせない分量でしたから、教授や生徒たちで分担して読むわけです。

原子力先進国であるアメリカから届く論文はどれも真新しく驚くべき内容のものばかりで、私はすっかり原子力という分野にのめり込んでいきました。

そんな生活を送っていた修士課程1年目の夏、私の人生の転機となる出来事が起こりました。原子爆弾の被害について学ぶために、学生仲間たちと広島を訪問することとなったのです。

有名な原爆ドームや広島平和記念資料館も訪問しました。ここで原子爆弾という人類が生み出した破壊兵器の力をまざまざと見せつけられたのです。

あらためて原子力は人を殺すための兵器にもなり、人類に平和をもたらすエネルギーにもなることを思い知らされました。

「これほどまでに原爆というのはすさまじいものなのか。よし、広島のこの光景はずっと自分の胸に焼き付けておかなければならない。そして、絶対に安全な原子力の平和利用を実現させなくてはならない。そのために、私の人生を捧げよう」

この広島での体験が、その後、私が原子力発電の安全性を追及していく上での原点となったのです。

小型原子炉に奇跡を見た！

1958年、大学院2年の夏のこと、原子力発電の研究にいそしんだ結果、私はひとつの結論にたどり着きました。

それは、炉心が直径1メートル以下の超小型原子炉であれば、仮に事故が起こり炉心の温度が上がっても、その分密度が下がるために、中性子が原子核にぶつからずに、炉心の外へ飛び出していくため、核分裂の連鎖反応は自然と止まるということです。これは本質的に安全な原子力発電の仕組みです。万が一、事故が発生したとしても大事故には至らない、つまり、絶対に安全である、ということです。

よくある誤解ですが、原子力発電所において、原子爆弾のような核爆発は原理上、絶対に起こりえません。

核爆発が起こるためには、高濃度のウラン（ウラン235の濃度が20％以上のもの。核爆弾に使用するウラン235はほぼ100%の濃度）が必要ですが、原子力発電所で使用されるウラン235は濃度が3%から5%程度の低濃度の燃料であり、核爆発が起こりえるレベルではないからです。

また、核爆弾は全エネルギーを1回の大爆発で放出するようにつくられているため、その燃料は高密度かつ均一な球体構造を取っている必要があります。広島に投下された原子爆弾の場合、10万分の1秒という時間で爆発しています。

一方で、原子炉ではエネルギーを安定的にゆっくりとした形で取り出すように、核分裂の速度をコントロールしています。100万キロワット発電の原子力発電の場合、1キロのウラン235を8時間かけて核分裂させるのです。ですから、その構造からして原子炉で核爆弾をつくることはできないのです。

原子力発電所で起こりえる爆発は、水蒸気爆発と水素爆発の二つです。

水蒸気爆発とは、水が高温のものと接触して、一気に気化することで発生する爆発です。水は水蒸気に変わると、体積が1700倍にもなります。たとえば、水を入れた鍋の蓋を溶接した状態でガスコンロの火にかければ、鍋内部の水は蒸発して膨張し、その高圧力によって鍋は破裂するでしょう。これが水蒸気爆発で、同じことが原子力発電所の炉心で起こったのが、チェルノブイリの原発事故です。

一方、水素爆発とは、燃えやすい気体の水素が酸素と混合したことによって化学反応した結果起こる爆発です。当然ながら、水爆とはまるで異なる現象です。

チェルノブイリでも水蒸気爆発ののち水素爆発は起こりましたが、福島第一原発で起きたのも水素爆発です。福島では原子炉が破裂したのではなく、原子炉を格納した建屋が爆発で吹き飛んだのでした。格納容器のような丈夫なものでなく、その外を包んでいた弱い建造物が壊れただけです。「爆発」という言葉を使うために、核爆発と混同されて誤った理解が広がっているのです。

原子炉内部ではいったい何が起きているのでしょうか?

簡単に説明すれば、原子力発電とは、火力発電のボイラー（燃料を燃やして発生した熱を水などに伝えて、温度・圧力の高い蒸気を発生させる装置）を原子炉に置き換えたものです。

火力発電は化石燃料を燃やして熱エネルギーを得て、これを使って水を沸かし、蒸気の力で蒸気タービンを回転させ、発電機で電気を起こします。

これに対して原子力発電はウランを核分裂させて熱エネルギーを得て、水を沸かし蒸気の力で蒸気タービンを回転させ、発電機で電気を起こすのです。

要するに、原子炉とは、ウラン235を核分裂させることにより、エネルギーを取り出す装置です。

この核分裂の連鎖反応が一定の割合で継続的に行なわれていることを「臨界状態」にあると呼びます。原子力発電所が安定したエネルギーを供給するためには、原子炉内部の臨界状態を維持することが重要なのです。

ウラン235の原子に中性子を当てると、核分裂が起こると同時に、新たに2～3個の中性子が発生します。この中性子が別のウラン235の原子にぶつかり、核分裂が起き、さらに2～3個の中性子が発生していきます。これが核分裂連鎖反応です。

この連鎖反応はウラン235原子がある限り延々と続いていきます。もちろん、その都度、熱エネルギーが生まれるわけです。

この核分裂連鎖反応をゆっくりと継続的に起こすために（つまり、臨界状態を維持するために）、原子炉内ではさまざまな装置が働いています。

核分裂でウランから中性子が飛び出しますが、この中性子のスピードは速すぎるため（光速の約10分の1）、次のウラン原子と反応する間もなく飛んでいってしまうということが起こります。そのため、核分裂連鎖反応が実現しやすくするためには、中性子のスピードを遅らせる必要があります。

そこで登場するのが「減速材」です。

減速材はそのまま原子炉の名称として用いられることが多く、日本で稼動している商用原子炉は水（軽水）が使われているために「軽水炉」と呼ばれます。重水が使われるものは「重水炉」、黒鉛が使われているものは「黒鉛炉」です。また、減速材を使用しないものとして、廃炉となった「もんじゅ」などで有名な「高速増殖炉」があります。高速増殖炉については後述します。

軽水炉の場合、原子炉内が大量の軽水で満たされています。また、この軽水は核分裂で発生した熱エネルギーを原子炉の外に取り出すための「冷却水」としても使われます。

次に、核分裂を制御するためには「制御棒」が必要です。

核分裂する物質が非常に多いと、核分裂の連鎖反応はすさまじいスピードで進んでいきます。そのため、核分裂をゆっくりと継続的に起こさせるためには、発生する中性子の数をコントロールしなければなりません。そこで、中性子を吸収する性質を持つ制御棒などを用いて、一定数の核分裂がゆっくりと続くようにコントロールしているのです。

ヒューマンエラーが起こりやすい大型原子炉

さて、原子力発電所で考えられる最悪の事態は二つあります。

一つは、炉心での核分裂連鎖反応のコントロールを失って出力が急上昇する「暴走事故」、もう一つは、炉心の冷却に失敗して高温になって溶融に至る「冷却材喪失事故」です。

暴走事故（反応度事故）とは、原子炉の出力を制御するための制御棒が不正に引き抜かれることなどによって、原子炉の出力が異常に上昇する事故のことです。核暴走という言葉が使われることもありますが、もちろん、核爆発とは何ら関係はありません。１９８６年のチェルノブイリ原発事故は、この暴走事故の代表的な例です。

この暴走事故が起こると、急激に原子炉の出力が上昇するために、燃料が過熱し、被覆管の溶融や内圧による破裂などにより燃料が破損し、放射性物質が原子炉内に放出されることになります。ただし、日本の軽水炉はその設計上、急激な出力上昇が抑えられる仕組みになっており、この暴走事故は起こりえません。

後者の炉心が溶解・破損する冷却材喪失事故のことを「炉心溶融（メルトダウン）」と呼びます。溶融した燃料が減速材の水と反応すると、大規模な水蒸気が発生して爆発し、原子炉内の核燃料や放射性物質が大気中に放出されてしまいます。これに加えて、化学反応の結果発生する水素が酸素と混合して水素爆発が起これば、やはり放射性物質が周囲にまき散らされることになります。

一方、小型の原子炉では、これらの最悪の事態は原理的に起こりえません。たとえば万が一、何らかの事故が発生して核燃料の温度が上昇していったとしても、ある段階に到達すると、温度上昇により核燃料の密度が低下してしまうため（これは炉心が小さいからこそ）、自然に核分裂の連鎖反応が止まってしまう、という仕組みになっているからです。

これはどういうことかというと、物質は高温になると膨張するため、核燃料であるウラン235原子の密度が下がります。すると、中性子がウラン235の原子核にぶつかる確率が低下します。炉心から中性子が漏れて失われていく割合が増えるので、臨界状態を維持することができず、自然に核分裂の連鎖反応が止まるというわけです。

そうなれば、もちろん熱エネルギーの発生も止まり、温度も低下していきます。そこに人間の手が介入する必要はありません。自然の安全停止現象なのです。

「服部君、そのとおりだよ。いいことを発見したね」

この発見について報告すると、恩師の武田教授はそう喜んでくれましたが、そのあとこう続けました。

「しかし、これからは、日本もアメリカのあとに続いて大型原子炉ばかり開発するようになるだろう。小型炉の開発を主張すると、きみはつらい立場に立たされることになるよ。でも、その考えをあきらめずに、ずっと胸に秘めて大切に温めていけば、いつか実る日も来るかもしれないね」

武田教授が憂慮したとおり、その後、アメリカは大型原子炉の開発を進めていき、その尻尾についていくように、日本はアメリカの技術を輸入し、大型原子炉をつくり続けていきます。

その結果はどうだったでしょうか？　5年に1度といわれるほど頻繁に大小の事故が続きました。主に、装置機械類の故障とヒューマンエラーが原因です。大型ゆえにメンテナンスが行き届かず、ヒューマンエラーが発生したためです。

そうなることは予想がついていました。にもかかわらず、なぜ大型原子炉をつくり続けなければならなかったのでしょうか？

理由としては、高度経済成長の機運に乗って電力需要が急速に高まり、効率よく膨大なエネルギーを生み出す必要があった、ということもあるでしょう。「大は小を兼ねる」、「大きいことはいいことだ」、というアメリカ的な発想もあったのかもしれません。

しかし、第二次大戦中に、たとえば原子爆弾開発を目的としたマンハッタン計画などで、アメリカとイギリス、カナダが雇った10万人という数の科学者や研究者たちの新たな雇用を生まなければならなかった、という側面もあったのではないかと、私はにらんでいます。戦争が終わったからといって、それらの優秀な研究者をお払い箱にしてしまうのはあまりにもったいないことです。新たな需要を生み出し、雇用していくためには、大型の原子炉建設が必要だったのです。

そして、当然のように、大型の箱物の建設は大量の雇用を生み、関係企業が潤うということがありました。このあたりのことは、章をあらためてお話ししましょう。

オークリッジ国立原子力研究所で学んだ原子炉災害評価

1959年3月、私は東京工業大学大学院を無事修了し、オークリッジ国立原子力研究所に留学することを決めました。研究者としてまだまだ学びたいとの思いから、原子力研究の最先端を走るアメリカに渡ってさらなる研究を続けるためです。

原子力のもたらす負の威力のすさまじさは広島を訪問したときに思い知らされています。原子力を平和的に利用するには、絶対的な安全性の確保が必要です。

そのためには安全基準を学ばなければいけないとの思いから、数あるコースの中から原子炉災害評価特別研修過程を選択しました。ほかのコースより格段に授業料が高かったので、中部電力の経理担当者に渋い顔をされたのを覚えています。

こうして、1959年9月からの1年間、私はオークリッジに滞在することとなりました。世界各国から原子力の平和利用を学ぶために、意欲のあふれる若い研究者がたくさんやってきていました。

テネシー州東部、アパラチア山脈のふもとにあるオークリッジという街は、マンハッタン計画の一部として、巨大なウラン濃縮工場と原子炉の運転でできたプルトニウムを分離する工場を建設するためにつくられ

米オークリッジ国立原子力研究所に留学していたころの服部(前列・中央)

たところです。

当時は、軍や政府の関係者が多く住み、その存在は一般市民には秘密にされていました。そのため、私が留学していた1959年ごろも、オークリッジの名前は地図に記載されていなかったのです。

地図を広げると、オークリッジのある位置には「×」の印がついているだけでした。アメリカの友人とともにウラン濃縮工場前を車でゆっくり走っていると、警備の警官に止められ、持っていたカメラを没収されたこともあります。さすが軍事大国アメリカは警戒が厳重で容赦がないと思ったものです。

私が履修した原子炉災害評価特別研修過程とは、原子炉の安全や原子力事故災害への対応に関するスペシャリストを養成するためのコースです。アメリカのみならず、世界各国から多くの応募があったようで、合格したのは私を含めたたった26人でした。

オークリッジでは、原子力における事故災害について、さまざまな勉強と研究を行ないました。原子炉の壊れ方を分析したり、事故で発生する放射性物質の種類や飛散の仕方、人体への影響などについても学びました。

そこでも、私は神様に導かれたかのような運命的な出会いを経験しました。これも私の人生における奇跡のひとつです。

ある日曜日、英語のヒヤリングの勉強のつもりで教会のミサに参加したときのことです。私はいつものように参列席の一番後ろに座っていました。

ミサが終わり帰り支度をしていると、突然、誰かに肩を触れられました。振り向くと、見知らぬ白人女性が立っていました。彼女の名前はマーリン・ロジャースといいました。テネシーの片田舎の教会にいる東洋人がものめずらしかったのかもしれません。

私たちはすぐに意気投合しました。マーリンは結婚して子供が3人もいたので、日曜日はバーベキューを開いて、私はよく子供たちのお守りをしたりしていました。

不思議なめぐり合わせだと感じたのは、マーリンが数学と物理学の素養があったことです。私が翻訳に難儀していた論文を彼女がやさしく訳して教えてくれることもしばしばでした。マーリンは熱心なクリスチャンだったので、ヨハネの福音書などキリスト教関係の本もたくさん読まされたことは大変でしたが……。

それでもマーリンのおかげで私のオークリッジの留学生活はたいへん充実したものとなったのです。けして忘れえない宝物の日々でした。

1960年10月、1年と1ヵ月に及んだオークリッジ国立原子力研究所での特別研修過程を修了し、私は日本に帰国しました。

同年1月16日、茨城県那珂郡東海村に、日本第1号の商業用原子力発電所の建設工事が始まっていました。これはイギリス製の黒鉛減速ガス冷却炉を輸入したもので、地震の多い日本向けに、耐震強度の点で見直し、設計に改良を加えたものです。

日本はまさに原子力発電の時代に突入しようとしていました。私が東工大とオークリッジで学んだ知識をいよいよ活用するときが来たのです。

まったく新しい原子力発電というシステムを実用化していくためには、各種の法整備や設計や安全基準策定などの作成が必要です。政府によっていくつもの委員会がつくられ、私はあちこちの委員会の中に放り込まれました。

名古屋にある中部電力本社に勤務しつつ、週に3回は東京の会議に出席する羽目になりました。当時は新幹線などありませんでしたので、週3回の東京への出張は大変でした。

「服部君、きみの出張代だけでどれだけかかってるか考えたことがあるのか?」

経理担当者にそんな愚痴を吐かれたことも1度や2度ではありません。

そのうち、東京支社勤務になり、原子力発電担当の班ができて、私の下に3人の部下がつきました。これまで会社のお金で勉強してきた恩返しとして、会社のために若い社員の育成をする役目を請けたのです。

発想の転換から生まれた原発の安全性基準

１９６３年、通産省および科学技術庁所管の財団法人、原子力安全研究協会が設立され、私は原子力発電所の安全性と信頼性について数値的に解析する活動に参加することになりました。

その対象は、日本初の電力供給に成功していた実験炉ＪＰＤＲ（ジャパン・パワー・デモンストレーション・リアクター）で、同年に東海村でゼネラル・エレクトリック社（ＧＥ）から輸入して完成した１万２５００キロワットの発電容量がある沸騰水型軽水炉です。

そこで、ＪＰＤＲにかかわっていた東京大学の都甲泰正教授にお願いをして、都甲先生を委員長とした信頼性評価小委員会を結成し、ＪＰＤＲの非常用炉心冷却装置（ＥＣＣＳ）の作動信頼性について調査を開始しました。

非常用炉心冷却装置とは、原子炉冷却材が炉心からなくなった場合、直ちに冷却材を注入して炉心を冷却する安全系システムのことです。

万が一の事態が発生したとき、原子炉における核反応を緊急停止したとしても、核燃料にはまだ少し熱発生が残っており、しばらくは核分裂生成物からの発熱も続くため、燃料を冷却する必要があるのです。

さて、ＥＣＣＳの信頼性解析の手法はというと、アメリカ空軍の大陸間弾道ミニットマンミサイルの信頼性評価解析を目的として生まれたものを利用したのですが、非常に複雑な作業であったために、解析計算には2年もの歳月が費やされました。

その結果、非常事態が発生したときに正常にＥＣＣＳが作動する信頼度は、96％であるとの結論に達したのです。

しかし、それでめでたしめでたしとはいきませんでした。

2年間の歳月を経て、信頼性小委員会の最終日、ねぎらいの酒宴の席で、ある電力会社の若手社員が立ち上がり、都甲教授にこう食ってかかったのです。

「96％という数字をもってはたして原子力発電所の安全性を保障することになるのですか。99％となってはじめて、日本の原発は安全であると言えるのではないですか」

その場にいた誰もが同じ思いだったようで、たちまち激しい議論が沸き起こりました。

そこで、都甲教授が私にとんでもない提案をしたのです。

「最後の最後にすごい質問を受けてしまいましたね。いったいどこまでやれば、〝日本の原発は安全である〟と世界に対して言えるのか、という問いです。いまここで即答できる問題でもないでしょう。そこで、1年後の本日、われわれをこの仕事に引き込んだ服部さんに、その答えを出してもらいましょう」

参加者たちの拍手が私に向けられました。とんでもない責任を背負わされてしまったのです。

その日から、頭を悩ますことになったのは言うまでもありません。

そんなとき、名古屋で霊友会の信者である友人からお誘いがありました。霊友会は在家による自らの悟りと他者の悟りを同時に希求する、法華経が唱導した菩薩行の実践とその普及に努めている団体です。

友人に連れられて、霊友会の道場を訪ね、般若心経を写経し、お寺で説教を聴きました。結果として、この経験は私に貴重な教えを授けてくれました。仏教とは心を安んじる世界を思うことで安心を得るものだと気づきました。

仏教の考え方の根底には人生に対する諦観があります。

人間は必ずいつか死にます。何が原因になるかは人それぞれですが、ひょっとしたら今日死んでしまうかもしれない。そういう意味では、人生には「絶対的な安全」というものはありません。私たちは安全という点では、人生に折り合いをつけながら、妥協しながら、あきらめの境地で生きているといえるのです。

そこから、私は安心を得るには、妥協も必要なのではないかと思うに至ったのです。この考えは、原発の安全基準設定にも生かせると思いました。

原発の事故が起きなくとも、私たちは常にあらゆるリスクと隣り合わせの生活を送っています。いつ病気にかかるかもしれない、いつ交通事故にあうかもしれない、事件に巻き込まれるかもしれない。

若者よりも高齢者のほうが死のリスクは高く、1年のうちに10人に1人は死にますし、戦争の真っただ中にいれば、若者でも死亡する確率は高齢者と同じ10人に1人に跳ね上がるでしょう。国、年齢、環境などの条件下により、私たちのリスクのレベルは変わるのです。99%の安全を保障するということ自体が不可能なのです。

そこで、発想を転換して、人間がこの世界で生きていく上で受けざるをえない最低限のリスクを分析し、それよりも低いリスクであれば、原子力発電は安全であると言えるのではないか、と考えました。

究極の安全レベル「ベースリスク」の追求

そのことを話すと、原子力安全委員長の内田秀雄博士も同意してくれました。

「なるほど。我慢して妥協しながら生きているというのは東洋的な考え方で面白い」

そして、あの日から1年後、信頼性小委員会に関係者が再び集まりました。

みんな、都甲先生の提案した「安全性についての確率は96％でよいのか」の問いに対して、「服部はどんな答えを持ってきたのだろう」と、興味津々といった様子でした。

「人間は生きていく上で、必ず死というリスクを背負っています。リスクが最低の人の死のリスクを基準にして、原子力発電所が抱えるリスクがそれを十分に下回れば、原子力発電所は安全であると証明することができるのではないでしょうか」

私がそう提案すると、都甲先生もまた「面白い」と喜んでくれたのです。

「それでは、根本的なリスクの計算から始めましょうか」

原子力発電所が抱える安全性のリスクという観点ではなく、人間がもともと生きる上で負っているベースとなるリスクというものを追究した上で、許容しうる安全性の確率を出すことにしたのです。

この誰もが負っている基準となるベースリスクを算出するとき、もっともリスクのレベルの低い環境条件下で生きている人、安全かつ安心な条件下で生きている人たちを基準にしなければ意味がありません。

そして、もっとも死亡リスクの低い、もっとも幸せな人たちのベースリスクを数式で表すことに成功したのです。

「10のマイナス4乗」

それが導き出されたベースリスクでした。

年間で1万人に1人が死亡するということです。これを「デス・パー・マン・イヤー」という単位をつくり、10のマイナス4乗をベースリスクとしました。

つまり、この「10のマイナス4乗」よりも十分低いリスクであれば、原子力発電所の周辺に住んでいても安全であると確率的に証明できるのです。

では、原子炉の許容リスク（安全余裕）をどのぐらいに設定すればよいか弾き出してみると、ベースリスクの100分の1、「10のマイナス6乗」という案が出てきました。

100万人に1人が死亡するという確率です。これが原子力発電所の安全目標とするべき数字だということになりました。

とはいえ、なかなか「10のマイナス6乗」という数値は計算で出てこないという現実があり、「10のマイナス4乗」が人類がつくりうる究極の安全レベルだろうというところに落ち着きました。

ちなみに、このベースリスクの考え方は、原発以外の発電システムには生かされていません。他の発電システムは安全基準という点をないがしろにしてこれまで開発を進めてきたのです。

1章の冒頭でも触れましたが、化石燃料の使用により発生する大気汚染が人類に及ぼしている悪影響は原発の比ではありません。「テラワット／時」当たりの平均死亡率は、原子力が0・04人であるのに対し、石油が36人、石炭が161人なのです。

ベースリスクの考え方をまとめて、私は内田秀雄博士のもとを訪ねました。

「これでようやく原子力発電における安全性を数値を用いて議論できるようになる」

内田博士は大変喜んでくださいました。

「いま、世界の原子力発電関係者たちから、安全とは何かを数値的に議論しようという声が上がっていて、ちょうど面白い会議がコペンハーゲンであるから、服部君、ひとつ出席してみてはどうかな」

この内田博士の勧めが、私に次の扉を開かせてくれるきっかけになったのです。

ラスムッセン報告の教えたもの

1969年、私は内田博士とともに、デンマークの首都コペンハーゲンを訪ね、経済協力開発機構（OECD）による原子炉安全技術会議（CREST）に出席しました。

その席で、私は自分が取り組んだ原子力発電所の安全基準の考え方について発表することになったのです。

私の予想に反し、結果は大きな喜びと感動によって迎えられました。会場から割れんばかりの拍手が沸き起こったのです。特に、原子力先進国であるアメリカが評価してくれたのは、私にとってはうれしいことでした。

それからというもの、中部電力や私のもとには、解析例に対する問い合わせや自分の論文に対する意見を求める手紙が舞い込みました。

しかし、そんな海外での評価とは対照的に、日本国内での反応はいまいちでした。

「人間が生きるか死ぬかということは神様が決めることだ。服部は論理に走りすぎているんじゃないのか」

そんな批判を受けることも少なくありませんでした。ベースリスクという考え方は、日本の研究者たちには感情的に受け入れられない考え方だったのかもしれません。

その後間もなく、アメリカのオークリッジ国立原子力研究所、アメリカ原子力委員会（AEC）、マサチューセッツ工科大学（MIT）などから、「安全基準について議論をしたいので来てもらえないだろうか」と、呼び出しがかかりました。

実際の原子力発電所における事故の発生確率、事故により人が死亡する確率などを解析するために、ＭＩＴ教授であり統計解析で有名なノーマン・ラスムッセンをリーダーとした60名の専門チームが結成されたのです。何十億円にも及ぶ予算のついた、日本では考えられない大規模なプロジェクトでした。

１９７４年、およそ5年もの歳月をかけてできあがったのが、確率論を基礎とした原子炉安全性研究に関するラスムッセン報告でした。

ラスムッセンの報告書は実に１０００ページにもおよび、ありとあらゆるリスクを計算して作成されていました。現在の原子力発電は、彼の理論も参考にして多重防護というシステムをベースにして設計されています。

驚くべきことに、このラスムッセン報告には私のリスク理論がかなり組み込まれていたのです。

「これは栄誉あることだよ」

「きみの努力が実ったじゃないか。さすがアメリカだな」

都甲教授と内田教授もそう言って喜んでくれました。

しかし光栄であると同時に、正直なところ、私は少し寂しい思いがしたのを覚えてます。

１９７６年5月に、大手町にある日本経団連ホールに、ラスムッセンを招き、「原子力発電の安全性」という報告会が開催されたときのことです。

講演が終わりパネル討論会が始まると、私はラスムッセンの成果の欠陥を指摘しました。

「あなたの膨大な報告書は読みましたが、ヒューマンエラーについてほとんど検討されていない。人間のエラーにはものすごく範囲があり、事故の発生する確率を上げている要因だと思います」

司会進行役の内田博士をはじめ、まわりにいた人たちは私がラスムッセンに食ってかかったことに凍りつきましたが、当のラスムッセンはむしろ面白がってくれたようでした。

「人間のエラーの確率というのは、仕事の内容や組織の環境、精神で変わるものだから、それをどう織り込むかは大変なことで、今後の課題です」

もちろん、そのあと、まわりの人たちに、「世界のラスムッセンに対して、きみは礼儀というものを知らないのか」と怒られたのは言うまでもありません。

コスト重視で無視された浜岡原発2号炉の改良案

1969年ごろ、中部電力は浜岡原子力発電所の建設にかかわるようになりました。

私は設計と安全審査という重要な役職を任され、総勢7名で構成されるチームのリーダーとして、毎日東京で議論を繰り返すという日を送りました。

東芝、三菱重工、日立といったメーカーがなんとか原発の工事を受注しようと、風呂敷包みいっぱいに資料や書類を詰め込んで営業に来ました。原子炉1基あたりの受注額はとんでもなく高額なものになります。よって、メーカー担当者の攻勢はすさまじいものがありました。

とはいえ、どこの社の原子炉を採用するかは、安全審査の申請をする最後の段階まで決まりません。結局、私のチームは最終決定が降りるまで、2年近くも設計書類の山と格闘し、各メーカーとのやりとりに追われました。

1970年4月20日、浜岡原子力発電所1号炉は、GEの技術協力を得た東芝が提案した沸騰水型原子炉に決まりました。発電量は54万キロワット、工事総額は1200億円前後でした。

1号炉の建設が進む中、浜岡の2号炉の建設計画が浮上しました。その話を聞きつけたGEは、今度は東芝のバックアップではなく自ら受注を獲得しようと動き出しました。

私はGEの技術者たちと会い、1号炉の問題点や改良点などについて議論を行ないました。彼らは私が提案した改善案を設計に盛り込み、2号炉は1号炉よりもずっとすぐれたものになる、そう期待していました。

しかし、中部電力の上層部が最終的に出した答えは、私を愕然とさせるものでした。

「2号炉は1号炉と同じ設計を基本に84万キロワットの発電量に応じて大きさだけ変える」

さらには、メーカーまでも積極的に私と話し合っていたGEではなく、当初の東芝のままに決まったのです。

私は技術屋は必要ないと言われたような気がしてショックを受けました。

「より安全性の高い原子炉実現のために議論を重ねたこの1年ばかりの日々は何だったのか。せっかくGEが改良を加えたよりよい設計を提案してきたのに、それを採用しないということはどういうつもりなんだ？」

つまり、会社はコストを優先して1号炉と同じものをつくろうと決めただけだったのです。

のちに、浜岡原子力発電所の1号炉と2号炉は、耐震補強改造工事に費用がかかるため、2009年1月、従来の継続使用に代わって、6号炉が新設されることになり、運転を終了し廃炉となりました。

私は、当時、2号炉の設計にGEの改良案を採用していれば、このとき2号炉まで廃炉にされる可能性はかなり低かったのではないかと思います。建設時にコストをけちったツケが回ってきたようなものです。

2号炉の建設が決まったとき、私はとてつもない無力感に襲われました。

技術者はいらない、服部の意見など必要ない――。

私はないがしろにされたと感じ、それならば、こんな会社は出ていってやると憤り、大好きなテニスクラブをつくろうと考えるほどになりました。

実際に、静岡県御殿場市の不動産を見て回り、全寮制のテニスカレッジを設立することにしました。インターハイクラスの中学生から高校生までを集め、イギリスのウィンブルドンで開かれる全英オープンテニスで優勝するほどの選手を生み出してやろうと意気込んでいたほどです。銀行からも1億5000万円の融資の提案を取り付けました。

そんなとき、中部電力社長の加藤乙三郎氏から呼び出しを受けました。

「服部君、浜岡原発2号炉の件で、きみがかんかんに怒っていることがどうも外に知られたらしい。だから、これだ」

時の科学技術庁長官の中曽根康弘の名で、社長の加藤に当てて文書が届いていました。

それには、私の出向命令が書かれてありました。

こうして、1972年8月、私は動力炉・核燃料開発事業団（動燃）に出向となり、新型炉開発本部電気・機械課長として働くことになったのです。

儲け主義でごり押しされた高速増殖炉もんじゅ

1967年、動燃は、高速増殖炉および新型転換炉の開発を専門とする事業団としてつくられました。設立には、のちに総理大臣を務める中曽根康弘や読売新聞社主の正力松太郎がかかわっていました。正力は、戦後、戦犯から解放されると、アメリカ中央情報局（CIA）に協力していたといわれています。日本へのテレビメディアと原子力の導入で利害が一致したからです。

1970年2月、茨城県東茨城郡大洗町に初の高速増殖炉「常陽」の建設に着手しました。常陽は技術的経験を得ることを目的とした実験炉です。ちなみに、高速炉の開発は、実験炉、原型炉、実証炉、実用炉の段階を踏んで進んでいきます。

1977年4月24日には、常陽が初臨界を達成しました。世界で5番目の高速増殖炉が日本で誕生したのです。

常陽の成功により、高速増殖炉の実用化に向けた研究用の原型炉「もんじゅ」の建築計画に加速がつきました。

高速増殖炉は、エネルギー資源に乏しい日本にとって〝夢の原子炉〟ともいえるものです。なぜなら、それまでゴミとして廃棄されてきたウラン238をかなり燃料に利用できるからです。

核分裂をしてエネルギーを生み出すのはウラン235のほうですが、高速増殖炉では、ゴミだったウラン238が使われます。天然ウランの99％余りがウラン238ですから、大量のゴミがエネルギーに生まれ変わるのです。

さらに、ウラン238には、中性子を吸収してゆっくりとプルトニウム239に変わる性質があります。プルトニウム239はもちろん燃料として使用できます。ウラン235の核分裂で飛び出した中性子をウラン238が吸収すれば、ウラン235が燃える傍らで、新しくプルトニウム239が生まれてくることになります。しかも、新たに生まれるプルトニウム239のほうが消費されるウラン235より多いため、増殖炉は夢の原子炉と呼ばれているのです。

99％以上を占めていたウラン238を仮に90％だけエネルギーに変えることができれば、ウラン235ばかりを濃縮して使う場合と比較して計算すると、高速増殖炉に成功すれば、実に天然ウランを150倍もの価値にすることができるのです。

プルトニウムや燃え残ったウランを再処理して、再び燃料として使用する仕組みのことを「核燃料サイクル」と呼び、当初より日本の原子力は核燃料サイクルの完成を目指していました。

そのためにも、高速増殖炉の開発は必要です。動燃は、28万キロワットの高速増殖炉「もんじゅ」と16万キロワットの「ふげん」の計画を進めました。

1972年、動燃のもんじゅ担当者に言われました。

「服部さん、せっかく東京に来たんだから、もんじゅも手伝ってください。もんじゅこそあなたが思い描いていた原子炉ですよ」

私も高速増殖炉には期待していましたから、ぜひともお手伝いがしたいと思っていました。中部電力から動燃に移るにあたって命じられたのは、設計を合理化し、建設予算を抑えるように、ということでした。

しかし、もんじゅの設計図を見て驚きました。

「何でこんなばかでかいものをつくるんだ？　こんなむちゃくちゃなものをつくったらコストが大変なことになるぞ！」

もんじゅの設計図は、私の理論からかけ離れた巨大かつ複雑なものでした。配管にしろ、バルブにしろ、ポンプにしろ、とにかく数が多すぎて「配管のお化け」というような複雑怪奇な構造となっていたのです。これではとても管理に手が行き届かず、常時トラブルに見舞われることは目に見えていました。私が理想としていた小さくて単純な原子炉とは真逆の代物です。それでは、緊急時に安全性を確保することもできません。

「機械の数、動く装置の数が増えれば、おのずと故障が多くなる。動燃はコンパクトで安いものをつくろうという意識が欠けているんじゃないか」

私がかつて算出した安全基準からも明らかなように、複雑であればあるほどリスクは高まるものです。このような原子力発電所はつくるべきではなかったのです。

「もんじゅはダメになる」

私は恩師である武田栄一教授に相談しました。すると、武田教授はただならぬ表情でこう言うのです。

「服部君、そんなことを誰にも絶対に言ってはならんぞ。殺されるぞ」

これはただごとではないと思い、私は密かに信用にたる東電の先輩たちにメモ書きでメッセージを送りました。

「動燃のしていることはただごとではない。あんなにぐしゃぐしゃだったら、毎日のようにトラブルがあり、絶対に大きな事故が起きますよ」

しかし、私の警告に誰も耳を貸そうとはしませんでした。

それどころか、ある電力関係者からはこんなことを言われました。

「国を挙げて大プロジェクトの中にいる人間が、内部で不穏なことを言っていると、そのうち殺されるぞ！」

その後、もんじゅでは、ナトリウム漏洩や動燃によるその隠蔽など、幾たびもの小事故が発生し、国民がもんじゅに対して信頼や安心を抱くことができなくなってしまいました。2016年の暮れに政府によって廃炉が正式に決定しましたが、それも仕方なしといったところでしょう。

もんじゅは国民の税金を1兆円も投じながら、稼働日数はわずか250日で退場という形になりました。しかし、核燃料サイクル事業は続ける方針だといいます。

「使用済み核燃料から出る高レベル放射性廃棄物を減らすためにも、高速炉開発を推進することは重要だ」

政府はそう強調して、フランスが計画する高速炉「ASTRID（アストリッド）」に資金を拠出する予定でおり、原型炉の次の段階である実証炉の建設を目指しているといいます。しかし、過去の失敗の経験を生かさなければ、何をつくったところでまた同じ過ちが繰り返されるだけです。

「国（政治家）は国民のほうを向いて原子力開発を行なっていない」

政治家が顔を向けている先は、原子力発電所を建設する大手ゼネコンやそれで潤う関連会社、そして、その莫大な利権だったのです。

もんじゅはアメリカでNGになった設計だった⁉

実は、このもんじゅには隠された秘密がありました。

アメリカのテネシー州、クリンチリバー渓谷にあるオークリッジ国立研究所の実験施設で、最初の高速増殖炉計画は組み立てられました。これが「クリンチリバー計画」です。

核燃料サイクルは無尽蔵のエネルギー供給への扉を開く技術ですから、レーガン政権の下で、米国エネルギー省はこの計画に湯水のように資金を投入しました。１９８０年から１９８７年までの間に、実に１６０億ドルを費やしたといわれています。

しかし、増殖炉計画は成功しなかったのです。それでやむなく、80年代半ばの景気減速も手伝って、87年、アメリカはクリンチリバー計画から資金を引き上げます。

とはいえ、高速増殖炉に夢を託していたエネルギー省と科学者たちはそう簡単にはあきらめられませんでした。では、彼らはどうしたのか？

高度経済成長期にあった日本に夢を託すことにしたのです。そして、アメリカやフランスからその技術を買ってきたのが、当時、私が勤務していた動燃でした。

アメリカが巨額を投じてもうまくいかなかった代物なのです。私が当時、もんじゅの設計を見て、「これはダメだ」と思ったのも、考えてみれば当然だったのです。

後年、中曽根康弘氏の友人・島村宜伸氏が私を訪ねてきました。深刻な表情になって、島村氏が尋ねるのです。

「服部さん、もんじゅは維持するのに年間200億円もかかっている。あれはいったいどうしたらいいんだ?」

私は率直に申し上げました。

「もんじゅは鉄くずですよ」

島村氏は仰天して固まっていました。

「当時いかにすばらしい設計だったとしても、50年も昔の代物なんですよ。10年ひと昔と言いますが、日進月歩の科学の世界で10年違ったら雲泥の差ですよ。それが50年も昔のものなんですから、そんなものをまた動かそうというのは狂気の沙汰としか思えません」

私がこう進言しても、しばらくは再稼働について議論していたようです。

これまでにもんじゅには1兆円を投じ、原子炉には研究者など多くの従事者がおり、もんじゅの存在によって町が経済的に潤うという仕組みができていました。使われるのは税金ですから湯水のように使っても無感覚になっていたのでしょう。

それにしても、どうして政府はこんな無駄なことばかりしているのでしょうか?

それは公共事業というものの根幹にかかわる問いでもあります。つまり、公共事業の意義とは経済の活性化にあるということです。

公共事業を行なう上で、安く済ませてしまってはいけないのです。できる限り費用のかかる方法を見つけ出さなければ公共事業の役割を果たせないのです。

これは、電気が必要だから原子力発電をするのではなく、超大型公共事業をしたいから原子力発電をするという論理です。

当然のことながら、国民のほうを向いた政策ではありません。戦後の高度成長期において、経済の牽引役のひとつとしての原子力発電だったのです。

これまでに実に原子力開発において12兆円もの費用が投じられてきました。はたして、その投資額に見合った成果があったのかどうか、首をかしげざるをえません。

3・11の事故以降、日本各地にある原子力発電所が稼働できなくなってしまいました。すると、原子力の予算が縮小されます。公共事業で儲けた人たちは困ることになりますが、代わりに、放射線の除染処理や復興事業などが行なわれるようになるわけです。そして、また儲けることができます。

政府と関連企業にとってはどちらに転んでも儲かる仕組みがあるわけです。そして、大きく儲けるためには、大きな事業でなければならないのです。けして、超小型原子炉などであってはならないのです。

私はかつて某大手メーカーXの幹部に話したことがあります。

「小型の原子炉が安全でいい。日本人は器用で細かい物をつくるのは得意だから、これからは小型原子炉をつくっていくといいんじゃないか。1万キロワットの小型原子炉をどっさりつくって世界中にばらまけば世界中が幸せになる」

その幹部は渋面をつくって言いました。

「それじゃ採算が合いませんよ。それはかえって高くつくことになります」

「そんなことはありません。同じ設計で大量につくって安くなる例が実際にあるじゃないですか。チューイングガムと同じですよ」

すると、その幹部はプライドを傷つけられたのかむっとした表情でこう言ったのです。

「服部さんね、天下のXをチューイングガムメーカーになれとはよく言ってくれますね」

プライドだけは高いですが、彼らの理念はけして高いとは言えなそうです。

膨大な量のアメリカの原子炉トラブル報告書を読んで気づいたこと

国家の隠蔽体質が抜けきれない日本と違って、アメリカには原子炉トラブル公開法（LER）というものがあり、原子力発電所で起きたすべての事故をワシントンの窓口で公開しています。

アメリカでは、1960年代から原子力発電所の建設ラッシュを迎え、わずか15年の間に100基もの原子力発電所が建設されました。

その間、相当数の事故も起きていて、たとえばオレゴン州のデトロイトにある高速増殖炉フェルミ炉（試験炉）において、1966年に炉心が溶解する事故が発生しています。

このようなことから、原子炉のトラブルの詳細を公開する運びとなったのです。原子力を運営する会社は、1週間単位で政府に報告するように義務付けられました。

原子力安全研究協会の副島忠邦氏は、のちに原子力安全委員長となる東京大学教授の都甲泰正氏に、アメリカのLERについて話したところ、最先端を行くアメリカのデータから安全性の問題を学ぼうと、LERの資料を日本に取り寄せることになりました。

「それでは、誰に読ませようか？　現場は英語だし、大仕事だぞ」

「そうだ。いい人物がいる。服部が読む以外にない」

そんな会話が交わされ、私に白羽の矢が立ってしまいました。安全性の問題については、私がひとりで大騒ぎしていたからです。

仕方なく、私は昼間は原子力の研究を行ない、午前4時半に起きて、早朝の2時間をLERを読み込むことに当てる毎日を過ごしました。

ＬＥＲを読んで驚いたのは、たった1週間分だけで、大小合わせて50件近いトラブルが起きていたことです。原子力先進国のアメリカが問題に直面し奮闘している姿が、その報告には書かれてあったのです。

しかも、それを隠そうとするのではなく、誰の目にも触れられるように公開しているというのは、アメリカという大国の懐の深さを見たような気がしました。

とはいえ、私ひとりがアメリカという国の先進性を知っても意味がありません。動燃をはじめとする原子力関係者に、アメリカからＬＥＲを定期的に送ってもらい、日本の原子力発電の安全性に役立てるように訴えました。

しかし、呆れたことには、誰もが面倒臭がって耳を貸そうとしないのです。アメリカとは対照的に、日本の会社は致命的なまでに閉鎖的かつ排他的で、向上心と責任感を欠いていました。

ＬＥＲを読んでいるうちに、私はひとつの事実にたどり着きました。

それは、「非常用ディーゼル発電機の起動不良が故障の中でもっとも多い」というものです（これは全米でこの起動テストが厳しく実施されていたからでもあります）。

原子力発電において、電源喪失が起きるほど恐ろしいことはありません。

電源が失われることで、冷却水の供給がストップしてしまえば、原子炉は「空焚き」の状態になります。空焚きが続けば、圧力容器もろとも原子炉は破損し、周囲に大量の放射性物質をまき散らすことになります。

津波、台風、洪水、地震と、どんな自然災害が発生するかわからない状況において、原子力発電所の電源が喪失する可能性は十分にあることです。

そのため、どのような危機的な事態に陥っても、非常用電源のディーゼル発電機を起動して、エアコンも働き、水も流れるようにする。それによって、非常用炉心冷却装置も動くように、電源を確保できる状態さえ保っていれば、安全性は99％まで引き上げることができるでしょう。

しかし、その電源喪失が起きた際の非常用電源としてのディーゼル発電機が働かないことが多いとLERは報告していたのです。それでは設置している意味がありません。

確率論に取り組むことによって、待機設備の起動不良確率がいかに多いかを強く思い知らされた私は、とんでもない考え方に追い込まれました。

それは、ディーゼル発電機の起動不良を防ぐためには、緊急用とはいえ、常にディーゼル発電機を運転している状態にしておく必要があるということです。さらには、いざというときに不良を起こして役に立たないということがあってはいけないので、ディーゼル発電機は何台も併設して常時運転しておくのです。

また、設置場所は1か所に集中させるのではなく、たとえば、山側、海側、地上、地下と分散配置しなければなりません。発電機はそれぞれタイプを変えて、いろいろなメーカーのものをそろえます。直下型地震が来るかもしれないし、どこかから爆撃を受けるかもしれないからです。

12台のディーゼル発電機があれば福島の事故は防げた

結論を言えば、原子力発電所に非常用のディーゼル発電機をいろいろな位置にいろいろな型式で12台設置して連続運転させておけば、たとえ外部電源の喪失が起きても安全ということになるでしょう。

「服部さん、もういい加減にしてください。あなたにはついていけません！」

私が12台のディーゼル発電機の必要性を訴えると、原子力発電を計画している関係者は呆れ返ってしまいました。

その当時、原子力発電所において、たとえば緊急停止や安全冷却不能状態に陥るということは、議論すること自体がタブー視されていたのです。「原発は安全だ」という神話が醸成され、「さあ、これから原発を開発していこう」という機運が高まっている大事な時期に、原発の安全神話に疑念を挟むような議論はしてはいけないというわけです。非常用電源全部喪失の可能性も考えられていませんでした。

原子力関係者は誰も聞く耳を持たず、私は腫れ物に触れるような扱いを受けました。それどころか、東京電力をはじめとする九電力会社（北海道、東北、東京、北陸、中部、関西、中国、四国、九州の九つの電力会社の総称）の外郭団体である電気事業連合会がチームを組んで私に圧力をかけてきました。

１９８０年の初夏には、電気事業連合会の幹部連に呼び出され、警告を受けました。

「あなたの言い分はわかっています。でも、これ以上、そんな主張を続けていると、あなたの身が危ないよ」

さらに、ほかの幹部もこう迫りました。

「実証炉の設計において、12台のディーゼル発電機を設置して連続運転するという提案は間違いだったという論文を書きなさい」

まさか脅迫まがいの態度で迫られるとは思ってもみませんでした。しかも、自分の理論を曲げて論文を書くというのは屈辱的なことでした。

歴史に「もし」はありませんが、もしも、福島第一原子力発電所にディーゼル発電機を12台常時動かして分散配置していたら、電源喪失はなく、原発事故は起きなかったと私は確信しています。

それからしばらくして、動燃の理事が私のもとを訪れ、業界紙である電気新聞を1部差し出しました。

そこに書いてある記事を読んで、私は驚いて言葉を失いました。

「服部禎男　電力中央研究所原子力部長」

12台のディーゼル発電機の件で、ちょうど肩身の狭い思いをしていたころです。動燃の上層部からの命令で、私の考えがいかに誤りであるかという自己否定の論文を書かされていたのです。上層部も私をどう扱ったものかと考えあぐねていたのでしょう。

こうして、1980年9月に、私は動燃から電力中央研究所の原子力部へと異動になりました。

電力中央研究所（電中研）とは、1949年、吉田茂内閣総理大臣がGHQの命令により、電気事業の分割民営化を成し遂げ「電力の鬼」と呼ばれた男、松永安左エ門を委員長として設置された電気事業再編成審議会の後身で、電気事業に関連する研究開発を行なう研究機関です。

東京都千代田区大手町にある本部のほか、東京都狛江市、千葉県我孫子市、神奈川県横須賀市に研究拠点があり、経済、土木、建築、電気、原子力、機械、化学、物理、生物、環境、情報など、あらゆる分野の研究者や工学博士、大学の客員教授などが在籍しています。電気会社のニーズに沿った研究開発を行なう一方で、公益法人として完全中立の立場を取り、科学研究費助勢金の交付対象である学術研究団体でもあります。

私を気に入って引き抜いてくれたのは、電中研の理事長であった成田浩氏でした。

成田氏は陸軍中野学校を出て、陸軍のスパイとして中国の重慶を一人で歩き回ったというつわものです。実のところ、電中研は東海村にある日本原子力研究所を考慮して、国から「原子力には手を出すな」と制限がかけられていました。

しかし、成田氏は国との約束など少しも気にしたふうもなく、電中研で是が非でも原子力をやりたいと思っており、どこかで、くすぶっていた私のことを聞きつけたようでした。「おれと一緒の服部という困り者がいる。そいつを引っ張り込んで、原子力をやらせよう」

そういう経緯があったようで、私の知らない間に、動燃から電中研へと異動になったのでした。

とはいえ、電中研における原子力部門はまっさらの状態です。何から手をつけたらいいかわからないどころか、私のほかに誰も人員がいないのです。そこで、電中研で原子力の研究をするとの触れ込みで、各メーカーに研究者の募集をかけると、30人もの優秀な人材が集まりました。

生まれたばかりの新しい部署だったので、これから先、何をやるかなどまったく決まっていませんでした。成田からは「何をやってもいい」と言われていたので、「小型原子力発電所の構想を練ろう」と、優秀な研究者たちと一緒に小型原子炉の絵を描いて遊んでいました。いろいろな構想が出てきて、それはそれで楽しい日々でした。

この電中研で、私が提唱する超小型原子炉の実現に向かって、いくつもの奇跡的な発見や出来事に遭遇していくことになります。

それについては章をあらためて話していきましょう。

世界が超小型原子炉を待っている！

「安全性を徹底させるためには、原子炉1基あたりの出力は2万キロワットぐらいに抑えるべきだ」

各国で起こる原発事故の報告を読むたびに、私は自らの「超小型原子炉構想」に誤りはなかったとの確信を深めました。

原子力発電所の大型化は、一大公共事業であり多くの企業を潤すかもしれませんが、原発が大型になればなるほど、組み込まれる機械や装置の数が多くなっていきます。当然、その分だけ故障が多くなり、事故につながっていきます。事故が起きれば、炉心の温度が上昇し、最悪の場合、原子炉容器の破壊が起こります。

しかし、小さな炉心であれば、万が一、事故が起こり、炉心の温度が上がっても、その分密度が下がるために、中性子が炉心の外へ飛び出していくため、核分裂の連鎖反応は自然と止まるのです。これを専門的には、「中性子漏洩の急増による停止」といいます。これは本質的に安全な原子力発電の仕組みです。

私が原子力にかかわり始めた当初から忘れずに抱き続けている想いは、原子力の平和利用というものです。

経済発展著しい大国はもちろん膨大なエネルギーが必要です。その一方で、貧しい国の人々にも安価で安全なエネルギーがなくてはならないのです。

世界平和のため、世界から飢餓や貧困をなくすために、原子力エネルギーの発展に寄与したい。そこでたどり着いたひとつの答えが、超小型原子炉だったのです。

アメリカの核開発に貢献してきた第一人者である、ローレンス・リバモア国立研究所の創立者、エドワード・テラー博士は、原子力研究の黎明期からこう訴え続けてきました。

「究極を言えば、原子力発電所は燃料無交換を目指すべきである」

現在、世界で一般的な原子炉には、「セラミック燃料」と呼ばれる核燃料が使われています。ウランが水と反応して水蒸気爆発を起こさないよう、ウランを酸化させ、それを高温で焼き固めて、磁器のような粒（ペレット）にするのです。磁器は融点が高いため、炉心の中で燃料が溶ける心配はなくなります。このペレットをジルコニウム合金製の被覆管に詰めたものを、その細長い形状から燃料棒というのです。

しかし、このセラミック燃料には耐久性が低いという弱点があります。高出力になると、燃料棒の中心温度は2500度にまで達します。高温になったり低温になったりを繰り返せば、当然ひび割れ（クラック）が起こるので、燃料棒を交換する必要があるのです。通常、燃料棒の耐久年数はだいたい3年から5年です。しかも、燃料そのものが燃え尽きるのを待たずに交換することになるため、実にもったいない状況にいまはあります。

なんとこの問題を解決する鍵を電中研時代に私は手に入れるのですが、それは2章でお話ししましょう。燃料の無交換を実現するためには、原子炉自体の構造も改良しなければなりません。従来の原子炉で問題なのは、制御棒の扱いの難しさです。原子炉の出力を調整するためには、制御棒の細やかな出し入れが必要です。大型の原子炉には、１００本もの制御棒がついているのです。ちなみに制御棒は、その駆動部が複雑な機構であるため、１本数億円という高額なものです。

それを大勢の運転員たちが微調整しているわけですが、緊急停止時には瞬間的にすべての制御棒を挿入しなければなりません。人間がこれを操るのは至難の業です。

「事故や故障の元凶である制御棒をなくすことはできませんか？」

私が東芝の親しい旧友に尋ねると、友人は呆れ顔で言ったものです。

「夢は夢ですね。服部さんの夢には付き合いきれない。制御棒なしで、どうやって原子炉の出力をコントロールするっていうんですか？」

原子力発電とは、原子炉から取り出した熱で蒸気を発生させ、タービンを回して発電するわけですが、この蒸気を発生させる機器により、たくさんの水を供給し、蒸気の発生量を増やせば、タービンの回転数が増し、発電量が増えるという仕組みです。

このとき、多くの蒸気をつくろうとすると、炉心からより多くの熱を奪うことになるので、炉心の温度が下がります。そして、温度が下がると、物質の密度は高くなるので、核分裂によって生まれる中性子が冷却材の原子に衝突する機会が高まります。たとえば、ナトリウムという冷却剤は中性子を吸収しないために、ぶつかった中性子は炉心内にとどまり、ウランやプルトニウムの原子核に再びぶつかるチャンスが生まれます。すると、原子炉の出力がまた高まるのです。

これは非常に不思議なメカニズムです。

蒸気の量をコントロールすることで、発電量を増やせば、原子炉の出力が自ら上がり、発電量を落とせば、原子炉の出力が下がるのです。電気需要の変化に見事に追従するこのメカニズムを「負荷追従」といいます。

すなわち、このメカニズムがきちんと起これば、制御棒なしの原子炉をつくることができるのです。東芝の旧友はこのアイデアを不可能だと考えたのでした。

「服部さん、そんな都合のよい設計などできるわけないですよ。まるで宗教だ」

それでも、私はあきらめませんでした。東海村の「炉工学三人組」と呼ばれる優秀な原子力研究所の研究員に連絡を取りました。彼らは私のアイデアに興味を持ってくれて、すぐさま東芝を巻き込んで協力してくれることになりました。そのうち、東京工業大学からも人員が加わり、私のアイデアの解析チームがつくられました。

しばらくして、東芝のリーダーが朗報を持ってきました。

「服部さんの〝われ、神を信ず〟には負けました。制御棒なしの原子炉は設計できます！」

私が学生時代に夢見た、「絶対安全の超小型原子炉」は、実現可能であることがわかったのです。

私の提案する超小型原子炉はたった50個ほどの部品によって構成されています。動く装置がほとんどないため、故障はほぼなくなります。全自動なので運転員も必要ありません。また、燃料の交換も少なくとも30年はしなくてもいいのです。そのため、ヒューマンエラーがなくなります。

私はこの超小型原子炉を「スーパー・セーフ、スモール・アンド・シンプル」の頭文字を取って「4S炉」と命名しました。

100万キロワットの大型原子力発電所ではなく、1万キロワット小型原子炉を各地に分散して配置すれば、炉心にある放射能は100分の1、大事故時の破壊現象は放射能の飛散を含めてこれも100分の1と、生命体への被害まで含めればこれも100分の1で、リスクは1万分の1になり、周辺へのリスクも1万分の1になります。

浜岡1号の設計のころ、私がお金がかかるなと思ったのは、制御棒駆動機構と燃料交換装置でした。制御棒が100本ついていれば、その駆動機構は100体いるし、燃料の燃焼度を一様にするには適度に燃料の位置を変えてやる必要があり、燃料交換装置がいくら高価でもその装置をつけて、炉心の燃焼管理が必要になるのです。

４Ｓ炉では制御棒も運転員も必要なく、燃料交換装置も送電線も不要になるため、発電コストも10分の１で済むでしょう。

私の提案する４Ｓ炉は水を使用しないナトリウム冷却のため、海や川のそばに置く必要もありません。水の不足している砂漠の街のあちこちに小型原子炉を設置して、日本の逆浸透膜を使った海水の脱塩技術と組み合わせれば、水に困ることはなくなるでしょう。砂漠を緑の大地に変えることも可能なのです。

第2章

闇に葬られた技術

～アメリカが教えてくれた乾式再処理と金属燃料～

「平和のための原子力」演説とその思惑

超小型原子炉で特に優れた構想を得るためには、アメリカから受け継いだ「乾式再処理」と「金属燃料」という二つの技術と一体にすることが重要でした。

この二つに巡り合えたのは、動燃から電中研へと移動して3年たった1984年に起きた「3兆円問題」という気の遠くなるような課題と取り組むことになった結果です。苦しみのあとには必ず歓びが待っているものなのです。

この章では、私の原子力研究者としての人生の中でも最大の驚きであった「奇跡の実験」と、それを支えるこの二つの技術についてお話しします。

その前に、世界の原子力研究の流れの中で、日本の原子力がどのように歩んできたのかをざっと見ていきましょう。


「核エネルギーの静かな平和利用は、将来の夢ではないと考えている。その可能性はすでに立証され、今日、現在、ここにある。世界中の科学者および技術者のすべてがそのアイデアを試し、開発するために必要となる十分な量の核分裂物質を手にすれば、その可能性が、世界的な、効率的な、そして経済的なものへと急速に形を変えていくことができることを、誰一人疑うことはできない」

1953年12月8日、アメリカのドワイト・D・アイゼンハワー大統領は、国連総会で「平和のための原子力」の演説を行ないました。

1950年代に入り、ソ連が原爆の実験に成功したことにより、冷戦がますます激しさを増していくのを危惧して、アメリカは原子力を今後は平和利用に役立てていこうと訴えたのです。

しかし、この演説の裏には、アメリカ側の密かに核軍備の拡張を図りたいという平和戦略と、原子力を市場に売り込みたいという思惑がありました。

日本とは原子爆弾を投下したことへの償いとの名目で、平和利用のための原子力を共同で研究開発していこうとの合意を取り付けます。

広島と長崎に原爆を落とされた爪痕から、日本がまだ立ち直っていない時期です。当然ながら、国内では猛烈な反対運動が起こりましたが、大がかりな原子力推進キャンペーンによって、徐々に日本人の原子力に対するイメージは変わっていきます。

日本における原子力発電の歴史は、私が中部電力に入社する2年前、1954年3月に、当時、改進党に所属していて、のちに総理大臣になる中曽根康弘らによって、原子力研究開発予算が国会に提出されたことから始まります。このときの予算は2億3500万円でしたが、これは「ウラン235」にちなんだものです。

翌1955年12月、原子力基本法が議会を通過し、日本原子力委員会（JAEC）が設置されます。初代JAEC委員長には、アメリカの要請で原子力推進キャンペーンにひと役買った、読売新聞社社主だった正力松太郎が就任しました。

日本は最初の商業用原子炉こそ英国から購入しましたが、その後まもなく米国設計の軽水炉に切り替え、1957年半ばまでに、アメリカとの間で20基の原子炉を購入する契約を結びました。

イギリス製の原子炉以外、アメリカの原子炉はすべて軽水炉型でした。現在、日本で商用稼働している原子力発電所はすべて軽水炉であり、世界で運転中のものも、8割から9割が軽水炉となっています。手っ取り早く商業化できるということで、まずは軽水炉型が続々と建設されていったのです。

1950年代、軽水型原子炉のほかに、高速増殖型原子炉（Fast Breeder Reactor：FBR）の開発もまた進められました。

高速増殖炉とは、発電しながら消費した以上の燃料を生成できる原子炉です。ウラン235は核分裂をすると中性子を放出します。その一方で、ウラン238は中性子を吸収するとプルトニウム239に変わるのです。高速増殖炉はこの性質を利用しています。

炉心のまわりを劣化ウランなどで囲み、この劣化ウラン中のウラン238がプルトニウム239に変わり燃料となります。「使えば使うほど燃料が増えていく原子炉」、つまり、「燃料が増殖していく原子炉」なのです。ちなみに、高速増殖炉は、高速中性子をそのまま利用するため減速材は使用せず、冷却材には中性子を減速、吸収しにくいナトリウムを使用します。

原子力エネルギーの主役ともいえるウラン235原子は、天然ウランの中にたったの0・7%しか含まれておらず、加工された核燃料の中にも全体の3%ほどにしかありません（残りはすべてウラン238）。

このウラン235が核分裂を起こして、核エネルギーを生むわけですが、使用されるのはその中のほんの一部です。使用済みの燃料をそのまま捨ててしまうのは非常にもったいないことであるといえます。

高速増殖炉は、これまで捨てられていたウラン238をプルトニウム239に効率よく変えて、消費した以上の燃料をつくることができます。燃料で消費した以上の新たな燃料を生むことから、「夢の原子炉」と呼ばれているのです。

このように、高速増殖炉は、長期的に考えて燃費がよい上に、核廃棄物の再処理・再利用も可能になるものでしたが、構造的に高度な技術が必要であり、当時は時期尚早の感がありました。

核燃料サイクルで可能になるエネルギーの完全独立

ここで少し難しいことになりますが、よく質問されるので説明しておきます。

軽水炉はウラン235原子が5％以下の濃度で、高速増殖炉はウラン235の濃度が20％、しかも高速増殖炉はウラン238からプルトニウム239原子をつくりだすという大仕事をします。

プルトニウム239をつくりだす大仕事をする種になるウラン238が高速増殖炉のほうが少ないではないかと質問されたとき、「高速増殖炉のほうはウラン235を20％にしなければ臨界にならないのです」と答えます。すると、高速増殖炉ではなぜウラン235を20％といった高濃度にしなければならないのかと次の質問が来ます。

これにはどうしても中性子の走る速度と核分裂反応の発生しやすさの問題をお話ししなければならなくなるのです。

プルトニウムが燃料である場合、減速材で中性子の速度を遅くする必要はなく、高速の中性子のままプルトニウム239に吸収させることから、「高速」と名前がついています。

軽水炉の冷却剤として用いられる水は中性子を減速させる減速材としての役目も負っているため、中性子を減速してウラン235の核分裂反応が発生しやすくして、ウラン235が数%の濃度でも核分裂反応が続くようにしたのが軽水炉です。

1971年、茨城県東海村に日本初の再処理工場となる「東海再処理工場」が完成します。

再処理工場とは、原子炉から出た使用済み核燃料の中から使用可能なウラン、プルトニウムを取り出す施設のことです。

日本の原子力発電所で稼働中の軽水炉では、主にウラン235からエネルギーを取り出していますが、すべてがエネルギーに変わるわけではなく、多くが核分裂生成物となります。また、ウラン238は中性子を吸収すると、プルトニウムに変化します。

割合としては、ウラン燃料加工工場から届いたばかりのウラン燃料は、加圧水型と沸騰水型で違いますが、ウラン235が3・5～5%、ウラン238が95%余りのものです。それが、原子力発電所で発電後には、ウラン235が1%程度になり、新たに数%の核分裂生成物が生まれ、ウラン238は90%余りになり、プルトニウムが1%余り生まれます。

このウラン235の残りと核分裂によって発生した核廃棄物と新しく生まれたプルトニウムを再処理して取り出し、新しいウラン燃料やMOX燃料（Ｍｉｘｅｄ　Ｏｘｉｄｅ　Ｆｕｅｌ）の原料として使えるようにするのが再処理工場の役目です。

東海村の再処理工場は、「もんじゅ」の燃料を供給することを主な目的として建設されました。高速増殖炉と再処理工場の二つは、使用済みとなったウラン燃料をリサイクルする「核燃料サイクル計画」の重要な要となるものです。

これで、日本は高速増殖炉と再処理工場の二つを持つ国になったのです。その意味するところは、将来、日本がエネルギーで完全に独立できるということです。

１９７３年には、日本は石油から原子力へと、エネルギー政策の大きな転換を余儀なくされる出来事が起こりました。

第一次石油ショックです。

石油価格が高騰し、国際的にも国内的にも代替エネルギーとして原子力発電の重要性が高まりました。原子力発電に注力した結果、１９７５年には日本の原子力の発電量は５３０万キロワット（10基）に拡大し、アメリカ、イギリスに次ぐ世界第3位に成長しました（ソ連を除く）。

しかし、日本の原発大国化に危機感を抱いた国があったのです。

どこだと思いますか？

何を隠そう、日本に原子力を導入し、推進してきたアメリカだったのです。

石油メジャーに操られたカーター

1977年1月、民主党のジミー・カーター大統領は、核不拡散を目的とした「新原子力政策」を発表しました。

核不拡散政策を掲げ、アメリカ自ら使用済み核燃料の再処理や、高速増殖炉開発など最先端の原子力開発から事実上撤退することを表明したのです。

この背景には、1974年に、インドが「平和利用」と称し、プルトニウムによる核爆発実験を成功させたことも大きく影響しています。

そもそも、表向きは平和利用といいながら、フランスやイギリスをはじめ、世界各国で再処理が行なわれていた真の目的は、原子爆弾の製造だったのです。

というのも、再処理で生み出される高純度のプルトニウムは、原爆の製造に使用されるものと同じだからです。再処理工場を持ちながら、原爆の製造を目的としていないのは、唯

一、日本だけでした。
長崎に落とした原子爆弾ファットマンは、純粋なプルトニウム爆弾です。世界中で高速増殖炉がつくられれば、プルトニウム爆弾の製造に移行しやすくなります。核の力により世界に君臨していたアメリカにとって、これほどの脅威はありません。

また、カーター大統領のこの宣言の裏には、カーター政権と石油石炭メジャーとの深いつながりがあったといわれています。カーターを大統領にしたのは、石油メジャーであり、数兆円の選挙資金をバックアップしたそうです。

アメリカは石油メジャーが支配している国です。原子力エネルギーの台頭は石油石炭エネルギーを脅かす存在なので、世界的な原子力開発という流れを止めたいと願っていたのです。


日本をはじめとする29ヵ国は、アメリカとの間に原子力協力協定を結んでいましたが、イギリス、フランス、ドイツといった原子力の開発に意欲的だった国々も、カーターの核不拡散政策には反対の立場を表明しました。

「核拡散は技術だけの問題ではなく政治問題でもある。厳格な国際査察の下であれば、再処理、プルトニウム利用を行なっても直ちに核拡散にはつながらない。原子力の平和利用と核拡散防止は両立可能である」

アメリカが恐れるのは原子力発電技術の核兵器開発への転用です。

原子爆弾は、丈夫な鉄の玉の中に、プルトニウムスポンジといって、プルトニウムを含ませたやわらかい材料を中心に込め、そのまわりをＴＮＴ火薬で包み込んだ構造をしています。この状態で火薬を爆発させると、瞬間的にプルトニウムは高密度になり、そのときに、中性子をぽんと入れてやると、爆発的な核分裂反応が起こります。これが原爆の原理です。

この中性子を入れるタイミングはプルトニウムが高密度になったときでなければなりません。爆縮過程の最後の数マイクロ秒の間に中性子が発生する必要があります。よって、プルトニウムの中に中性子を自然発生させてしまう不純物があってはいけないのです。これはウランタイプの原子爆弾の場合でも同じです。だから、限りなく１００％に近い高濃度状態でなければいけないわけです。

たとえば、軽水炉で生じた使用済み燃料中にできたプルトニウムは、プルトニウム２４０を多く含んでおり、これはたくさんの中性子を放出します。これでは、高密度状態になる前に、中性子によって核分裂反応が進んでしまい、爆発的なエネルギーを生まずに、不発弾になってしまうのです。

乾式再処理（乾式再処理については後ほど詳述します）で得られたプルトニウムもまた核爆弾には使えません。「キュリウム」という不安定な放射性の元素が含まれているためです。キュリウムは適度に中性子を放出するため、やはり高密度状態になる前に核分裂がどんどん進んでしまい、その爆弾は使い物にならなくなってしまうのです。

ちなみに、このキュリウムの名前の由来は有名なキュリー夫妻から来ています。夫人のマリ・キュリーは、放射線の研究で、ノーベル物理学賞とノーベル化学賞の二つを受賞した科学者です。女性として初の受賞者であり、2度受賞した最初の人物です。キュリー夫人の名に由来した元素の存在がプルトニウムの核爆発への転用を防いでくれている、というのも何だか意義深い感じがするものです。

アメリカに翻弄される日本

このような理由から、原子力の平和利用と核拡散防止は両立が可能なのです。

そもそも原子力開発の最終的に目指すところは、当初から高速増殖炉の実現にこそありました。高速増殖炉がなければ、使用済みとなったウラン燃料をリサイクルするという「核燃料サイクル計画」が成り立たないからです。高速増殖炉を否定することは、原子力そのものの否定につながるのです。

日本では、高速増殖炉「もんじゅ」がすでに現地着工し、茨城県東海村に動燃が小規模の再処理施設を建設して、1977年の春には竣工する予定でおり、いまから運転を開始しようという矢先でした。核燃料サイクル計画は日本の原子力政策の要で、いまさら中止にするわけにはいきません。

何といっても、原子力開発はこれまでにおよそ20兆円規模の血税をつぎ込んできた国家的大事業なのです。国民の電気料金の中に電源開発促進税を密かに加え、原発開発のための財源と人材確保、そして、法体制も完成していました。いまさら後に引くことはできなかったのです。

一方、アメリカにとっては、日本が原子力大国となって、エネルギー的に自立していくことも面白くありません。カーター政権は日本の原子力開発の中止および動燃の解散まで通告してきました。

こうして、77年の夏、日本とアメリカは、「原子力戦争」と呼ばれるほどの激しい外交交渉を繰り広げることとなります。

「再処理とプルトニウム利用は、資源小国日本のエネルギー安全保障上必要不可欠だ。日本は被爆国として非核に徹しており、再処理を行なっても核武装や核拡散の心配は無用だ」

当時の福田赳夫首相陣営は強硬に主張し続け、「日本だけに認めると、他の国に対しても拒否することができなくなる」として、なかなか首を縦に振らなかったカーター陣営も、ついには「2年間に限り、99トンまで」という条件付きで、東海再処理工場の運転の許可を出します。とはいえ、それは日本側としてはとうてい納得できる内容ではありませんでした。

同年秋から、カーター大統領の提案にもとづいて、国際核燃料サイクル評価（International Fuelcycle Evaluation：INFCE：インフセ）が開かれ、原子力発電や燃料サイクル開発の是非が論議されました。最終的には59ヵ国、6国際機関が参加する大会議となりました。この会議は77年から80年まで2年半にわたって行われたのです。

アメリカは政策の方向転換を余儀なくされましたが、国内で「核不拡散法」を制定し、諸外国との間では、原子力協力を行なうための条件を一方的に定め、それに合致しない国との原子力協力を禁止する政策を取りました。

「21世紀の人類は膨大なエネルギーを必要とする。アメリカは未来のエネルギーにストップをかけて、人類の滅亡をよしとするのか！？」

原子力の平和利用に積極的だった国々はそろって、カーターの核不拡散政策に反論の声を上げました。

アメリカは科学的議論に事実上破れ、長年進めてきたクリンチリバー（高速増殖炉）計画と民間再処理施設を中止しました。実活動として高速増殖炉開発を止めたのはアメリカだけでしたが、ＩＮＦＣＥの開かれた2年半は、世界の原子力産業が足踏みを強いられた期間でした。

１９８１年にカーターからレーガンへと政権が移行すると、アメリカは再び原子力政策に寛容な態度を取り始めます。

日本はなんとか原子力開発危機を乗り越え、「核燃料サイクル計画」の実現に向けて動き出そうとしましたが、今度は国内でさらなる大きな問題が現れました。

それが「３兆円問題」でした。

「３兆円問題」を解決せよ！

１９８０年、動燃から電中研に異動になり、私はフランスの高速増殖炉「スーパーフェニックス」（１２０万キロワット）の導入について調査を任されました。地震国である日本にスーパーフェニックスをそのまま導入することはできません。日本で導入するために耐震設計を見直す必要があったのです。

この作業に3年を費やし、日本向けの設計を完成させ、その設計は高い評価を得ることとなり原子力学会賞を受賞しました。そんなとき、新橋にある東京電力の池亀亮副社長に呼び出されました。1984年の夏のことです。

「服部君、きみ、〝3兆円問題〟を知っているか?」

青森県上北郡六ケ所村で建設が予定されている再処理施設の件で、再処理施設の見積もりが非常に高くなりそうだというのです。

六ケ所村の再処理施設では、日本全国の原子力発電所から集められた使用済み核燃料を、使用可能なウランとプルトニウムに再処理する計画が予定されていました。その見積もりがなんと3兆円だというのです。あまりにも途方もない数字にめまいすら覚えました。これではスーパーフェニックスの導入どころではありません。

「使用済み燃料の再処理で、年間800トンの処理能力で、3兆円もかかっていたら、原子力の未来なんてないよ。一桁間違っているんじゃないか。3000億円でやってのけなくちゃダメだよ」

池亀副社長の剣幕はすさまじいものがありました。

「どうしたらいいのか考えなさい。もっと安いものを探すか、もしくは発明しなさい。そういうことを研究するために電中研があるんじゃないか」

困ったことになりました。さて、どうしたらよいものだろう、とあれこれ考えていたところ、アメリカのアルゴンヌ国立研究所が研究しているという「乾式再処理」のことを思い出したのです。

この2年前の1982年、リヨン国際会議に出席するためフランスに渡ったとき、アルゴンヌ国立原子力研究所のメンバーも参加していました。研究発表の場で、彼らはその乾式再処理について説明していたのです。

現在、各国で採用されている核燃料の再処理方法は「ピューレックス法」と呼ばれるものです。大量の硝酸を用いて燃料棒からウランとプルトニウムを抽出・分離する方法で、六ケ所村再処理工場でも、ピューレックス法を採用しています。

一方、乾式再処理法は溶液を使用しないことからその名が付いています。使用済み核燃料を溶融状にして再処理するのですが、乾式再処理の長所は大きく二つあります。

一つ目は、乾式再処理法によって取り出されるプルトニウムは、不純物が多く原子爆弾にはまったく役立てることができない、ということです。原子力開発が原爆に結びつかないために、時の政権の原子力政策に左右されずに平和的です。

二つ目は、乾式は工程の数が少なく、シンプルである、ということです。ピューレックス法は数百という工程があるのですが、乾式再処理法の場合はなんとたったの一度の工程で終わります。また、廃棄物が固形状になり、体積が小さいことから装置の寸法もコンパクトにすることができるのです。

そして、なんといっても費用面での比較では、乾式再処理技術はピューレックス法の16分の1の値段でできてしまうのです。

再処理工場が小型化可能になれば、高速増殖炉のすぐ隣に設置することができ、核燃料の輸送コストや、輸送に伴うリスクもなくなります。

「これはすごい。六ケ所村の巨大で複雑な工場に比べたら、乾式再処理の施設であれば、一桁は安く建造できるはずだ」

私はすぐさまアルゴンヌ国立原子力研究所への接触を開始しました。

不発弾から生まれた「乾式再処理技術」

1946年、アルゴンヌ国立原子力研究所は、アメリカのイリノイ州デュページ郡アルゴンヌに創設されました。

世界初の制御核分裂連鎖反応を成功させたシカゴ大学冶金研究所と、第二次世界大戦中に推進されたマンハッタン計画に参加した研究者たちを母体としており、その研究目的は徹底した「原子力の平和利用」でした。

初代所長は、マンハッタン計画で中心的な役割を果たしたエリンコ・フェルミ博士で、自分たちが開発した原子爆弾によって、広島と長崎で多くの犠牲者を出してしまったことを心から悔やんでいました。そのため、原爆よりも原子力エネルギーのほうに特別に着目していたといいます。

アルゴンヌは、高速増殖炉の開発を目的に研究のスタートを切ります。原子力研究は当初からプルトニウムを有効活用できる高速増殖炉に焦点が当てられていたのです。

1951年には、高速増殖炉実験炉（Experimental Breeder Reactor No.1：EBRⅠ）が世界初の原子力発電に成功しています。要するに、原子力研究では世界の先端を走っていた研究集団です。

1977年1月に、民主党のジミー・カーター大統領が「新原子力政策」を発表し、核不拡散を宣言して世界中が大騒ぎになったとき、アルゴンヌの純粋な研究者たちは原子力開発に寛容なレーガン政権になるのを待ってから「一体型高速炉（IFR）計画」を立ち上げました。

IFR（Integral Fast Reactor）とは、再処理と原子炉が同じ施設の中にある構造になっていて、使用済み燃料であるプルトニウムが外に出ていかないため、輸送という面倒な仕事がなくなり、核不拡散上好ましいものです。

レーガン政権になって開始されたＩＦＲ計画で特に目立ったのは、極めてコンパクトな乾式再処理とそれにつながる金属燃料でした。

1981年、共和党のロナルド・レーガン政権が誕生すると、アルゴンヌ国立原子力研究所の技術集団は、ニューメキシコ州北部にあるロスアラモス研究所に接触します。

ロスアラモス研究所は、マンハッタン計画の中で原子爆弾の開発を目的として創設されたアメリカの国立研究機関です。ロスアラモス周辺の砂漠には核実験の際に爆発しなかった不発弾の弾がごろごろと転がっていたそうです。

原子爆弾の開発者にとっては失敗でも、原子力エネルギーを平和利用しようとする開発者にとっては、爆発しないことこそ重要でした。

アルゴンヌ側はロスアラモス側に、乾式再処理技術を譲ってくれないかと打診しました。不発になった再処理こそ、世界平和のためのエネルギーを生む技術であるというわけです。

ロスアラモスチームはその申し出を受け入れ、アルゴンヌ側に技術を提供しました。

そして、アルゴンヌの研究者たちは、レーガン大統領に高速増殖炉と乾式再処理の統合開発を提案したのです。

レーガンもまた石油メジャーから資金援助を受け、つながりが深かったのですが、「平和な世界をつくるアメリカこそが世界のリーダーである」という強いアメリカを体現しようという目標を持っていたので、アルゴンヌの計画にGOサインを出したのでした。

「アルゴンヌが研究している乾式再処理の技術をぜひ学ばせてください」

１９８５年の暮れ、カリフォルニア州パロアルトにある電力研究所の本部を訪ね、私はフロイド・カラー理事長に直訴しました（彼は私のアメリカ留学時代の友人でした。彼にはラッキー論文のことでも手助けをしてもらい、そのことが放射線ホルミシスが広まるきっかけとなったのですが、それについては5章でお話しします）。

「これはアメリカの革新的な技術であり、そう簡単に教えるわけにはいかない」

アメリカ合衆国エネルギー省のもっとも重要なプロジェクトですから、カラー氏が断るのも当然です。しかし、こちらとしても日本の原子力の未来がかかっているので、そう簡単に引き下がるわけにはいきません。必死になって食い下がりました。

私は電力中央研究所に乾式再処理技術の重要性を訴え、アメリカ電力研究所をとおして、アメリカ合衆国エネルギー省に情報の提供を申し入れました。

その後、何度も交渉を重ねて、１９８６年になってようやくエネルギー省とアルゴンヌから承諾の連絡が来ました。

「世界で唯一の被爆国で、平和志向の明快な日本こそ、世界平和のための乾式再処理技術を伝える相手としては適格ではないか」

こうして、その年の7月、1週間ほどの日程で、私は専門家チームとともに、アルゴンヌ国立原子力研究所を訪ねることになったのです。

問題は専門家チームをどのように編成するかでした。というのも、アルゴンヌで研究している乾式再処理技術は、日本をはじめとする世界各国で採用されている再処理技術とはまったく異なるものだったからです。

そこで、この新しい再処理技術を理解できる人材はいないかと探してみたところ、日本でも昭和電工、東邦チタニウム、昭和アルミ、神戸製鋼、川崎重工、住友金属工業といった企業が、乾式再処理と似たような活動をしていることがわかったのです。

私は東邦チタニウムの茅ケ崎工場を見学させてもらいましたが、まさに乾式再処理法と似たような工程でゴルフクラブなどに使われるチタンを製造していたのでした。

こうして、1986年7月に専門家十数人を引き連れて、アルゴンヌの研究所を訪ねたのです。ところが、そこで別の次元の大騒ぎがありました。

それはまさしく神の贈り物でした。

絶対にメルトダウンのない「奇跡の金属燃料」

アルゴンヌの研究所を訪れると、たくさんの新聞とできたてのパンフレットが並び、非常に明るい雰囲気に包まれていました。研究者たちが何やら熱に浮かされたように興奮しているのです。

「何か、ここで大変な発明や発見があったんじゃないのか？」

そう思って尋ねてみると、同年の4月3日に、彼らはとんでもない実験に成功していたのでした。

アルゴンヌ・ウエスト（アイダホ）には研究炉や実験炉、小型の原子炉がたくさんあります。その中に高速実験炉（Experimental Breeder Reactor = EBR Ⅱ）という、ナトリウムを冷却剤にした出力2万キロワットの動力実験炉があるのですが、このような動力炉では世界中どこにも実施されていないことをしたのです。

まず異常時に必ず作動して絶対に原子炉を急停止させなければいけない緊急停止装置を動作できないようにブロックし、運転員は誰も制御操作盤に近づいてスイッチ操作で原子炉停止操作することができないように全員操作盤から離れたところに立たせておいて、主冷却ポンプなどナトリウム冷却材の流れを維持しているポンプの電源をいっせいに切ってしまいました。

少しでも原子炉に知識のある人ならとんでもない無茶なことだと思われるはずです。普通に考えれば、原子炉の温度は急上昇し、EBRⅡは完全にメルトダウンするはずで、原子炉容器は大破損して全運転員は急速避難、という事態になるでしょう。

しかし、そのときのデータを見ると、ナトリウムの炉心出口温度が少し上がっただけで、原子炉はゆっくりと停止していたのです。

EBRⅡでは、このあと再び2万キロワットのフルパワーに上げて、主冷却ナトリウム流路の主停止弁をすべて急閉して、炉心の熱を持ち出す主冷却流路の弁を全部一斉に閉める、という極端なことまでやりました。

もちろん、フルパワーのまま、制御棒挿入などの緊急停止系統は動作できないようにして、です。データを調べてみると、これもまったく何のこともなく安全停止状態に移行したのでした。

事件内容を要約すると次のようになります。

2万キロワットの実験炉EBRⅡで、全出力運転から「全電源喪失」と「原子炉緊急停止系統動作不良」を同時に発生させ、原子炉が静かに安全に停止状態に移行することを確かめ、それの実験に成功した――。

通常だったら、原子炉はメルトダウンどころではなく、めちゃくちゃなことになります。しかし、アルゴンヌ研究所が行なった実験では、原子炉の温度が少し上がっただけで、そのうち緩やかに温度は低下していき、完全停止してしまったのです。

運転員は何も触らないまま、ただ静観していただけで、実験炉は何の損傷もありませんでした。

これは普通では絶対に考えられないことで、まさに奇跡ともいえる実験だったのです。

アルゴンヌの研究者たちはその奇跡を目の当たりにしたので、みな高揚して大騒ぎしていたのです。

私も長年、原子力の研究に携わってきましたが、こんなに愉快痛快な実験はほかに知りません。

アルゴンヌ研究所での奇跡的な実験成功

1986年4月3日、アルゴンヌでいったい何が起こったというのでしょうか？

成功の秘密は摩訶不思議な金属燃料にありました。

アルゴンヌ研究所は40年以上前から金属燃料の高速増殖炉を研究し、実験炉ＥＢＲⅡは

30年以上のすぐれた運転実績を残しました。

今日でも、世界の原子炉で使用されてきた燃料は、「セラミック燃料」と呼ばれるものが主流です。これは、ウランが化学反応を起こさないように酸化させた上に、セラミックに焼き固めたものです。つまり、「焼き物」の燃料です。

原子力発電では発生する蒸気の温度が高ければ高いほど、タービンの回転効率が高くなります。その点、セラミック燃料は融点が高いために、炉心で溶ける心配がありません。

しかし、セラミック燃料にも大きな問題もあります。炉心が高出力状態になると、燃料の中心部は2500度以上にもなります。すると、燃料にひび割れ（クラック）が生じ、破損の原因となるのです。そのため、耐用年数は3年から5年といわれ、燃料そのものが燃焼し終える前に交換する必要があるのです。

セラミック燃料は世界の常識でしたが、私個人の考えでは、酸化物の燃料は作製するのに金はかかるし、変形してクラックはできるし、トラブルばかり起こすと思っていました。

一方、アルゴンヌ研究所の金属燃料には、ジルコニウムという物質が10％混じっており、これは柔軟な金属であるためにクラックが生じにくく、30年以上継続して使用しても破損しないのです。そのため、燃料を交換する必要がなくなります。

それだけではありません。金属燃料はわずか1ヵ月の運転で、核分裂で発生した気体状

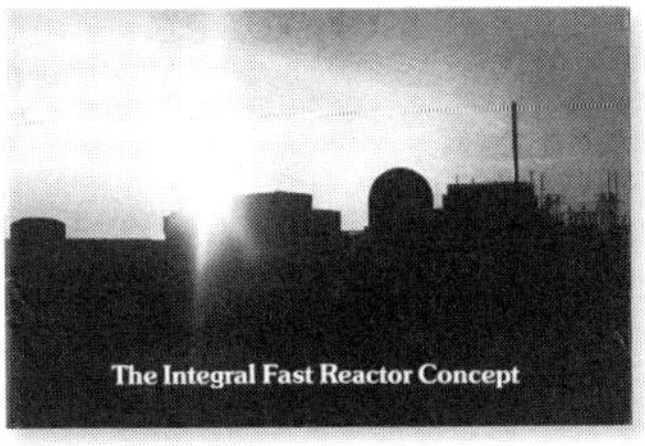

アルゴンヌ研究所での奇跡の大実験の結果を伝えた資料。驚くべき実験結果が記されている。しかしこのことを知っている日本人は多くなく、また実験成功の意義に気づいている日本人も多くはいない。

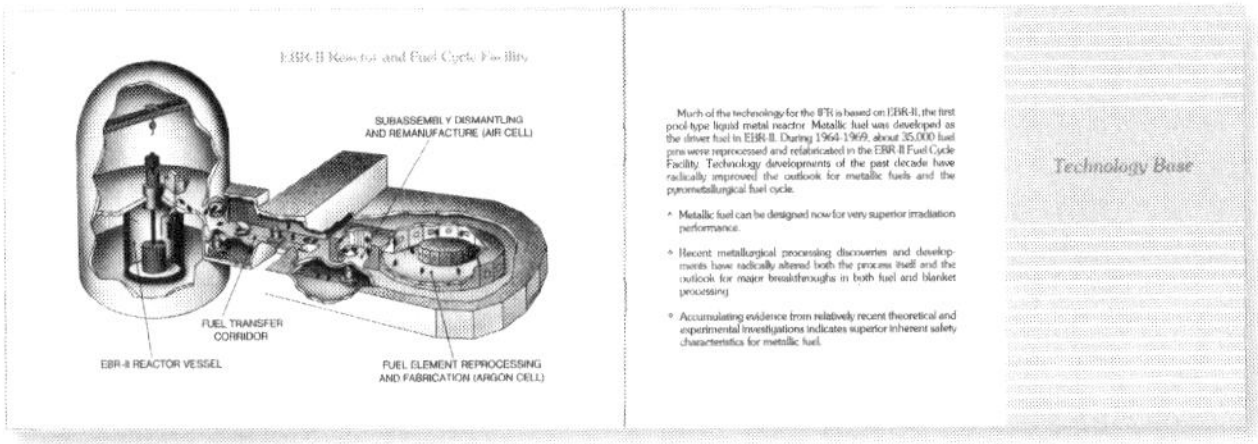

Much of the technology for the IFR is based on EBR-II, the first pool-type liquid metal reactor. Metallic fuel was developed as the driver fuel in EBR-II. During 1964-1969, about 35,000 fuel pins were reprocessed and refabricated in the EBR-II Fuel Cycle Facility. Technology developments of the past decade have radically improved the outlook for metallic fuels and the pyrometallurgical fuel cycle.

- Metallic fuel can be designed now for very superior irradiation performance.
- Recent metallurgical processing discoveries and developments have radically altered both the process itself and the outlook for major breakthroughs in both fuel and blanket processing.
- Accumulating evidence from relatively recent theoretical and experimental investigations indicates superior inherent safety characteristics for metallic fuel.

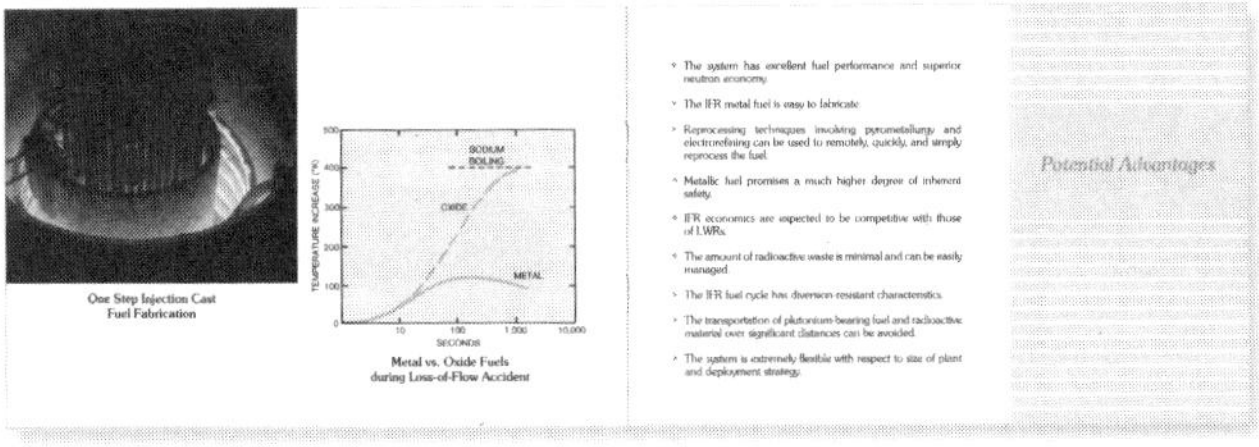

- The system has excellent fuel performance and superior neutron economy.
- The IFR metal fuel is easy to fabricate.
- Reprocessing techniques involving pyrometallurgy and electrorefining can be used to remotely, quickly, and simply reprocess the fuel.
- Metallic fuel promises a much higher degree of inherent safety.
- IFR economics are expected to be competitive with those of LWRs.
- The amount of radioactive waste is minimal and can be easily managed.
- The IFR fuel cycle has diversion-resistant characteristics.
- The transportation of plutonium-bearing fuel and radioactive material over significant distances can be avoided.
- The system is extremely flexible with respect to size of plant and deployment strategy.

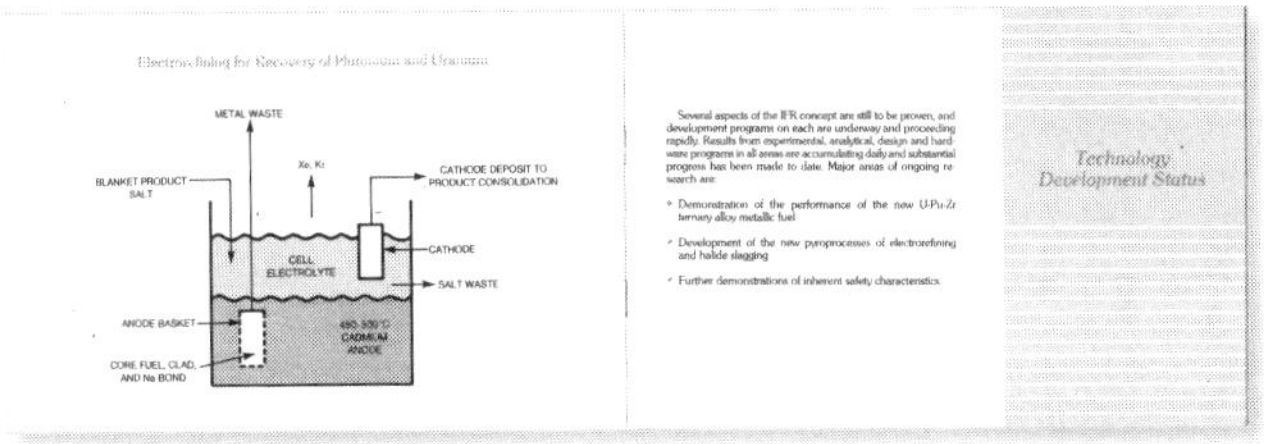

Several aspects of the IFR concept are still to be proven, and development programs on each are underway and proceeding rapidly. Results from experimental, analytical, design and hardware programs in all areas are accumulating daily and substantial progress has been made to date. Major areas of ongoing research are:

- Demonstration of the performance of the new U-Pu-Zr ternary alloy metallic fuel
- Development of the new pyroprocesses of electrorefining and halide slagging
- Further demonstrations of inherent safety characteristics

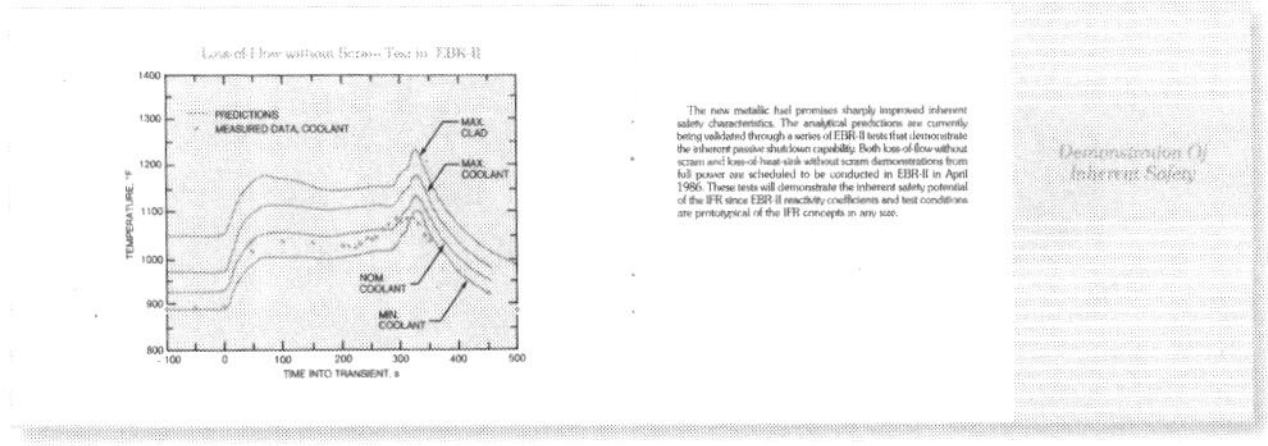

The new metallic fuel promises sharply improved inherent safety characteristics. The analytical predictions are currently being validated through a series of EBR-II tests that demonstrate the inherent passive shutdown capability. Both loss-of-flow without scram and loss-of-heat-sink without scram demonstrations from full power are scheduled to be conducted in EBR-II in April 1986. These tests will demonstrate the inherent safety potential of the IFR since EBR-II reactivity coefficients and test conditions are prototypical of the IFR concepts in any size.

の核分裂生成物、クリプトンやキセノンが混在する燃料へと変化します。それらが金属燃料の中に一様に気泡として混在するようになるのです。

温度が上がれば、気体原子が急膨張するため、金属燃料は激しく熱膨張します。核分裂の連鎖反応は密度が勝負ですから、密度が高ければ高いほど連鎖反応は進みますが、密度が低くなると進まなくなるのです。

よって、金属燃料の温度が上昇すると、燃料内の気体原子の膨張する圧力と、金属の軟化によって起こる異常な膨張によって、燃料の密度が激しく低下し、核分裂の連鎖反応が自然に止まるという仕組みです。

さらに、常時８００度であった燃料の温度が、何らかの事故で１０００度程を超えると、金属燃料は急激に軟化し、含まれている気体状の核分裂生成物が気泡となって激しく膨らみ、１１００度になると金属燃料そのものが泡状になってしまうというのです。

アルゴンヌ研究所によれば、シビアな事故で燃料本体は温度が上がるとシェイビングフォーム状になって、クラックが発生すればそこから噴き出して、冷却材の上に浮いてしまうことが確認されているそうです。こうなると、核分裂反応は継続できないため、究極的に安全な原子炉といえます。

このような金属燃料原子炉は世界のどこを探しても見つからないでしょう。乾式再処理技術を得るための訪問でしたが、そこで金属燃料という大きな出会いが待っていたのです。

まさしく、私が探し求めていた原子炉でした。超小型原子炉を現実的に生み出すカギが、乾式再処理技術と金属燃料にあったのです。

思い返してみると、私はリスクを小さくしてあちこちで役立つ原子炉を、小さなものから開発していくべきだと、はじめは酸化物セラミック燃料でもそのような手順で開発すれば、うまく進められると考えていました。

ところが、アルゴンヌの実験などを調べるほど気に入ってしまい、ついに金属燃料超小型原子炉こそアジア太平洋の多くの島々に住む人たちまで救えるぞと思いこむようになりました。そこへ、アルゴンヌで金属燃料のユニークな組成を導き出したレオン・ワルタースの誠実な説明が魅力を倍増したのです。あの大実験もレオン・ワルタース博士が事前に解析していたものなのです。

さて、このアルゴンヌの奇跡の裏で、人類史上最悪の原発事故が起きていました。それが、奇跡の実験1986年4月3日のわずか3週間後の4月26日に起きた、チェルノブイリの原発事故です。

実は、アルゴンヌの成功と旧ソ連の事故は無関係ではなかったのです。

チェルノブイリ事故の真相

1986年4月26日、旧ソビエト連邦（現ウクライナ）のチェルノブイリ原子力発電所の4号炉で大規模な爆発事故が発生しました。

火災を消火するために、ヘリコプターから炉心めがけて総計5000トンにおよぶ砂や鉛、ホウ素などが投下されましたが、火災はその後も14日間にもわたって続いたといいます。事故現場に居合わせた原発職員と軽装備で駆けつけた消防士や作業員31人の尊い命が犠牲になりました。

この爆発により、原子炉内にあった大量の放射性物質が大気中に放出されました。量にして推定10トン、14エクサベクレルに相当するといいます（＊エクサとは、10の18乗、百京です）。国際原子力機関（IAEA）によると、広島に投下された原子爆弾による放出量の約400倍に相当するそうです。

放射性物質は風に乗って、北半球全域を覆いました。チェルノブイリから8000キロも離れた日本でも、水や野菜、母乳などから放射線が検出されたほどです。

人類史上最悪といわれた原子力発電所の事故であり、これまでにもチェルノブイリの事故はなぜ起きたのかと、さまざまな検討がなされてきました。責任者の判断ミスや原子炉の設計に問題があったなど、さまざまな推測がなされてきましたが、真相はほかのところにあったのです。

3週間前にアメリカのアルゴンヌ国立研究所が「奇跡の大実験」に成功したことを聞き知った、チェルノブイリ原子力発電所のチームが「われわれも負けてなるものか」とプライドを刺激されて、同じような実験を行なった結果、大失敗した、というのが真相だったのです。

時は米ソ冷戦の真っ只中です。旧ソ連の原子力発電の研究者たちは、自分たちの原子力発電所こそが世界一であると自負していました。アメリカのEBRⅡが成功したのなら、自分たちの原子炉で成功しないわけがない、そう考えたのです。

そして、彼らは実行に移すわけですが、アルゴンヌ同様にフルパワーにするのは心配だったために、パワー出力は10％以下に抑えてやってみることにしました。緊急停止装置はアルゴンヌ同様に働かないようにしましたが、結果はアルゴンヌと同じように少し温度が上がっただけできっと止まるだろう、自分たちの燃料はアルゴンヌの金属燃料よりも高温まで耐えられるから、ウラン238の共鳴吸収などによって自己停止機能が十分働くだろう、そう考えたのではないでしょうか。

しかし、結果は核燃料の温度は上昇を続け、溶解してしまった挙げ句、原子炉内部で爆発が起こってしまったのです。

チェルノブイリの実験が失敗した最大の原因は、何といっても燃料の違いにあります。アルゴンヌの金属燃料とは違い、チェルノブイリはセラミックの酸化物燃料を使っていたのです。

原子炉では、ウラン235が核分裂を起こす一方で、ウラン238は核分裂せずに何をするかというと、飛んでくる中性子を吸収する、ということをします。ウラン238は温度が高くなればなるほど、中性子をたくさんつかまえます。中性子が大幅に減少すれば、ウラン235の核分裂は抑制され、やがて連鎖反応が止まるのです。

そういう仕組みはチェルノブイリの研究者たちもよくわかっていましたし、アルゴンヌが成功したこともあって、自分たちの原子炉も高温になれば同様に自然停止するだろうと思っていたのですが、実際は、連鎖反応は止まらずに、温度もどんどん上昇していってしまったのです。

彼らは柔らかい特殊な金属燃料の存在までは知らなかったのです。アルゴンヌの金属燃料は温度が上がれば膨張し、ウラン235の密度が下がり、核分裂が止まったのですが、セラミック燃料は固いために膨張できず、ウラン235の密度は下がらずに、核分裂が止まらずに暴走してしまったのです。

ちなみに、国際原子力事象評価尺度（ＩＮＥＳ）では、福島第一原子力発電所の事故はチェルノブイリの事故と同様に、「深刻な事故」である「レベル7」の評価になっています。

しかし、チェルノブイリの事故と福島の事故とでは、まったくその内容が違います。

日本は地震大国なので、その対策はできており、原発から10キロ離れたところにも地震計がたくさん設置されています。そして、地震が起きれば2秒で自動的に原子炉の運転が停止するようになっているのです。

福島の大地震でもちゃんと緊急停止装置は働きました。しかし、地震は予期できたのですが、14メートルもの津波がやってくることまでは想定できていなかったのです。

あの大津波のために電気設備はすべてダメになってしまいました。電気に頼っていた冷却装置がストップしたために、炉心が露出してしまったのです。

原子炉というものは電源が切れて急停止になって核分裂反応が止まっても、しばらくの間は放射能レベルが高く、その熱を除かなければ温度は上昇してしまいます。すると、化学反応で炉心の表面に金属との反応で水素が生じ、その水素が酸素と反応して、水素爆発が起こるのです。

これはチェルノブイリの場合と違い、炉心が爆発しているわけではありませんし、原子炉が吹き飛んだわけでもないのです。原子炉を覆っている建屋が水素の化学反応による爆発で損壊したということです。

大きな津波で水浸しになることまで想定して、予備電源のディーゼル発電機をあちこちに配置していれば、福島の水素爆発は起きませんでした。

チェルノブイリの事故により、日本ではタブーだった原子力発電所の全電源喪失および、テロリストなどにより人為的に緊急停止不可能になった場合や、緊急停止系が動作しないようにしてあったら大変だといった問題が浮かんできました。

日本の原発をそのまま放置していいはずがないのは明白でしたが、それでもなお当時の原子力関係者の中で、これらの問題に積極的に対処しようという人はいませんでした。

それにしても、私が不思議でならないのは、チェルノブイリの大失敗は世界的に有名になったのにもかかわらず、アルゴンヌの大成功は当時ウォールストリート・ジャーナルが報じたぐらいで、原子力産業で協力関係にあった日本にさえ知らされなかった、ということです。

この事故のために、原子力という技術の悪魔の側面だけが強調されすぎてしまい、人類の未来を救う天使の側面がすっかりなりを潜めてしまった感があります。アルゴンヌの大成功も同じぐらい広く人々の知られるところとなれば、世界の原子力政策はまた違った方面へと進んでいたかもしれません。

クリントン政権からの圧力

私はアルゴンヌの乾式再処理技術にすっかり心を奪われてしまいました。

レーガン政権は原子力開発に寛容だったこともあり、私たちはアルゴンヌ国立研究所と共同開発を進めていくことになりました。

1987年には、日米共同実証試験計画が内定し、翌年には合意に向けて動き出します。アメリカ側から、開発資金を提供するよう要請があり、電力中央研究所の予算だけでは足らず、電気事業連合会にも声をかけて協力してもらいました。

さあ、いよいよ正式参加の段になり、日本側は最終的な確認として、乾式再処理技術開発が国際核拡散防止条約（NPT）に違反していないか、念を押しました。

「この技術は軍用に役立つ原子力情報ではないので、NPT違反にはならない。日本へのこの技術の移転は、むしろNPTの精神を背景とした平和的なものだ」

米国エネルギー省はそう回答を送ってきました。

こうして、ようやく共同研究が実現し、日本側のグループは日本での国内活動を主体に数十人規模で実験に参加しました。最初の視察で訪れた昭和電工、東邦チタニウム、昭和アルミ、神戸製鋼、川崎重工に加え、東芝、日立、少し遅れて三菱重工も参加するという大所帯でした。

そうして、日本人専門家チームは、1986年から1993年までの7年間、アイダホにあるアルゴンヌ・ウエストにて、私たちはアメリカ側と一緒に乾式再処理の実験を行ない、実りある成果を収めていったのです。

しかし、1993年1月20日、民主党のビル・クリントンが大統領に就任したことで状況はまた一変します。

クリントン氏は、カーター大統領の核不拡散路線を継承して、アルゴンヌ国立原子力研究所が1962年から進めていた高速炉、乾式再処理、燃料製造の「一体型燃料サイクル計画（IFR計画）」にストップをかけました。恐れていたことが現実となったのです。

IFR計画を支持する上院議員をはじめ、多くの大学や学者たちがクリントン大統領宛てに手紙を書き、IFR計画の重要性を訴えました。1993年には多くの上院議員が上院で名演説をしました。

ローレンス・リバモア国立研究所の原爆設計専門家グループとアルゴンヌ国立原子力研究所は、乾式再処理技術の再検討の結果を報告しました。しかし、クリントン大統領の意思は変わらず、それ以降の研究を禁じられてしまったのです。

とはいえ、日本では「3兆円プロジェクト」として、再処理施設をまさに始めようとしているときです。この桁外れのプロジェクトに待ったをかけるためにも、「やめろ」と言われて引き下がることはできません。また、アルゴンヌも自分たちの技術を日本に伝え残したいという情熱がありました。

1994年、ついに米国エネルギー省から出頭を命じられました。アルゴンヌとの間で研究開発を続けていることが知られ、その旗振り役をしている張本人として私が呼び出されたのです。

「大統領命令で原子力開発をやめるようにとのお達しが出ているのに、言うことを聞かないというのは大問題である。あなたが責任者のようだから、あなたからみんなに活動を中止するよう命じなさい」

1994年、こうして、私たち日本チームとアルゴンヌ国立原子力研究所との8年にも及ぶ有意義な共同研究は終わりを迎えたのでした。

「アルゴンヌで教えられた乾式再処理法を活用すれば、日本の原子力はまったく新しいものになる！」

私は大いなる期待を込めて、さっそく電力中央研究所の理事長、東京電力の池亀副社長、日本原子力発電の社長に、この乾式再処理法のすばらしさについて報告しました。

すると、彼らから信じられない答えが返ってきました。

「服部さん、残念ながらもう遅いよ。六ケ所村の湿式ピューレックス法再処理施設の件では、日本政府は10年も前からフランスと契約交渉していて、もう建設計画が動き出している」

六ケ所村の再処理施設の建設がすでに1年前の1993年から「3兆円プロジェクト」として始まっていました。日本の企業も三菱重工を筆頭に、下請けまで合わせると実に約800もの企業が参加していたのです。

せっかくアメリカから譲り受けた革新的な技術を無駄にしてはなるものかと、私と専門家の仲間たちは、3年間、膨大な報告書を持って、政治家や行政当局の責任者、政府側の専門家たちに訴え続けましたが、彼らはみな旧式の再処理施設の建設で大儲けするメーカー側につき、聞く耳を持ちませんでした。

日本政府は、原子力を金の成る木としか見ておらず、いかに大金を動かすかしか興味がないのだ、ということをあらためて思い知らされました。

政治や行政にとって、原子力は平和のためのエネルギーなどではなく、あくまでも金を生むためのものだったのです。もちろん、そのお金とは私たち国民の支払う税金が出所であることは言うまでもありません。

日本の再処理の絶望的な現状

六ケ所村の再処理施設にはおよそ3兆円が費やされたのにもかかわらず、1993年の着工から現在に至るまで大きな成果はまったく聞こえてきません。

日本政府は民間の国際学術組織である国際放射線防護委員会（ICRP）を批准しているため、ICRPの勧告に従おうとしているのですが、その基準があまりにも厳しすぎるために苦労しているのです。濃い廃液が出ないように放射性物質を集め、ガラスに混ぜて個体化して貯蔵保存していますが、この廃液を基準値まで引き下げるのは大変なことです。

一方で、日本に湿式ピューレックス法を与えた当のフランスの場合、再処理施設は軍の管轄下にあるために、一般公衆を対象としたICRPの基準に従う必要がなく、日本よりも濃度の高い廃液をそのまま海に流しています。

ＩＣＲＰ基準に従う日本がフランスの湿式ピューレックス法による再処理施設を持つことと自体、無理のある話だったのです。

私は、日本政府がＩＣＲＰの勧告を額面どおり受け取りすぎていることに違和感を覚えます。

ＩＣＲＰは専門家の立場から放射線防護に関する勧告を行なう民間の国際学術組織です。エックス線が発見された当時、その危険性がわからなかったため、少なからぬ死者が出てしまったため、放射線の危険性がどれぐらいのものなのか調べるためにつくられた機関です。

１９５８年のエックス線とラジウムに関する勧告（私のオークリッジ留学の前年）に始まって、これまでに様々な勧告を出してきました。国際的に権威のあるものとされ、ＩＡＥＡ（国際原子力機関）の安全基準や世界各国の放射線障害防止に関する法令にも取り込まれています。

現在のところ、ＩＣＲＰ以外に基準をつくっている国際的な機関がないために、日本はＩＣＲＰの勧告を盲目的に鵜呑みにしてしまっているところがあります。

しかし、現在ＩＣＲＰが出している国際勧告の内容は、ここ20年くらいの間に解明された数々の科学的事実をまったく反映していないのです。そのことを問題視する科学者も少なくありません。情報が日々更新されていく時代、ＩＣＲＰがいつになったら最新の情報にアップデートするのか、不満の残るところです。

日本は再処理施設に3兆円を投じました。

しかし、最初から乾式処理法を採用していれば、わずか3000億円で済み、いまごろは順調に稼働していたのではないでしょうか。

アルゴンヌの情報が少し遅かったことと、大儲けをしたい関係者たちの都合により、乾式再処理法は採用されず、結果、湿式のピューレックス法再処理は巨大な廃墟と化しつつあるのです。

この章で見てきたように、原子力開発の問題はけして科学技術の進歩だけの問題ではありません。政治的・経済的な思惑が大きく絡んでくるのです。

もっとも重視すべき安全性の問題が、二の次、三の次になっている現実は、ベースリスクを研究してきた研究者として、非常に嘆かわしく思うほどです。でも、それが現実なのです。

これまで見てきたように、原子力政策とは、日本という一国の国策として決定できるものではなく、そのスタートからアメリカという大国の思惑が絡んでいました。そして、そのときどきの政権の政策によって、大きな影響を被ってきたのです。

そして、日本国内においても、世論の動向や経済的な事情によって、大きく方針が変わることがあります。

3・11以降、原子力に対する風当たりは厳しいものがあります。実際、直後には、国内のすべての原子力発電がストップしました。

しかし、冷静な目を持つ人たちは、福島の事故で実際には何が起こったかを見極め、いまこそ安全な設計の原子力が必要だと声を上げています。

次の章では、その一端となった映画を取り上げて、いまなぜ原子力が必要なのかについて見ていきましょう。

第3章

「パンドラの約束」とは何だったのか

～アルゴンヌでの奇蹟と誓い～

映画『パンドラの約束』の衝撃

２０１３年に公開された映画『パンドラの約束』は、原発の問題について考えさせられる内容で話題になりました。

監督は、１９５８年、イギリス生まれのロバート・ストーンです。ストーンは、１９８７年に、米国アカデミー賞長編記録映画賞にノミネートされた反原子力映画『ラジオ・ビキニ』で監督としてデビューして以降、人生の大半を反原子力運動に捧げてきました。

この映画では、それまで原発に反対の立場だった環境保護活動家たちが、地球環境の現実に直面して、原子力発電の真実を知ったのちに、主張を１８０度転換して、原子力発電に未来を託すようになっていく姿が描かれています。

登場する環境活動家は錚々たる顔ぶれです。

アメリカにおける環境保護運動の巨頭として知られるスチュアート・ブランド、ピューリッツァー賞作家のリチャード・ローズ、ベストセラー作家でジャーナリストのグイネス・クレイヴンズ、王室科学賞受賞作家のマーク・ライナース、環境活動家のマイケル・シェレンバーガーなど、反原発を訴えていた環境保護活動家たちが出演し、なぜ原発擁護の立場に宗旨替えしたかについて語っているのです。

この映画が観客に与えたインパクトはすさまじいものがありました。２０１３年に公開されるや、有識者たちから毀誉褒貶の声が上がりました。

アメリカで開催されたサンダンス映画祭２０１３で上映された際には、観客の75％が原子力反対者だったにもかかわらず、映画終了時には、その8割がなんと原子力を支持する立場に変わったといいます。


この映画の何がそれほど衝撃的だったのでしょうか？

それはいま人類が直面している最大の脅威について描いている点にあるのではないでしょうか。すなわち、地球温暖化問題とエネルギー問題です。

オーストラリアの南西部では１００年に一度ともいわれる大干ばつが起き、農業や畜産に大きな影響が出てきます。高温と乾燥により森林火災も発生し、生態系が失われていっています。

南極大陸やグリーンランドの氷河や氷床が溶け出し、20世紀の１００年の間に、海面が19センチ上昇しました。このままいくと、21世紀中に82センチ上昇すると予測されています。

フィジー諸島共和国、ツバル、マーシャル諸島共和国など海抜の低い多くの島国は、国土を失う恐れもあり、ツバルではニュージーランドへの移住が始まっています。

私たち人類はそれほどまでにいま危機的な状況に陥っているのです。

映画『パンドラの約束』では、このような現実を踏まえ、原子力技術こそが、深刻化する地球温暖化から地球を守り、発展途上国で生活する何十億人もの人々を貧困と飢えから救う現実的な手段ではないのかと訴えます。

この映画は原子力産業界とは何ら関係なく、支援や協力を得て製作されたものではありません。ストーン監督も原子力にのみこだわっているわけではなく、明日から安定して供給できる他のエネルギーであればそれを使えばいいといいます。

しかし、原子力発電を停止させることを第一優先にして、風力や太陽光発電を導入することを目的とするのは、環境保護の本来の意味を見失っているに等しいと指摘します。

私たちがやるべきことは、空気中の炭酸ガスの増加を止めて、地球温暖化を抑え、発生する異常気象の激烈化を阻止するために、化石燃料の利用を早急に抑えることに全力をあげることなのです。

たとえば、ドイツは国策として、20年も前から再生可能エネルギー導入を進めてきました。しかし、現在、太陽光で賄われているエネルギーは全体のたった5％、風力発電も7％に過ぎません。しかも、太陽光発電だけでも、すでに1300億ユーロ（18兆円）もの費用をかけてきたのです。

再生エネルギーはバックアップのために、数種類の発電手段を組み合わせる必要があります。供給量が不十分なために石油燃料に依存せざるをえない状況なのです。風力や太陽光を推進している環境保護活動家らには、このような現実が見えていないといいます。

実際、ドイツは安く電気を買えるという理由から、原子力で電気をつくっているフランスから電気を輸入しているという笑えない現実があります。もともとドイツは石炭や褐炭が豊富に産出される国なので、太陽光や風力による発電を補うために、石炭・褐炭火力発電に依存していますが、反原子力を掲げる環境運動家は、その批判の矛先を環境汚染に拍車をかける石炭・褐炭火力発電にも向けています。今後、どのような政策が取られるのか、動向を見守っていきたいものです。

ロバート・ストーン監督から日本人へのメッセージ

ストーン監督は、マーク・ライナースとともに、3・11以降の福島の立ち入り規制区域にも足を踏み入れて撮影を行なっています。さらは、過去に原発事故を起こしたスリーマイル島やチェルノブイリにも赴いて、リポートしています。

そして、これまでの反原発論者たちが取り上げてきた、広島と長崎への原爆投下や、東西冷戦時代に行なわれた核実験の数々が、原子力発電という革新的な技術に誤ったイメージを与えていると指摘しています。

現在、世界では440基の原子炉が稼働していますが、およそ60年に及ぶ原子力発電の歴史の中で発生した大規模な事故は、1979年、アメリカペンシルバニア州のスリーマイル島、1986年、旧ソ連のチェルノブイリ、そして、2011年3月11日の福島の3件だけです。スリーマイル島事故では炉心に重大な損傷が起きましたが、身体影響を議論するような放射線被曝はまったくありませんでした。

そもそもこの事故は不可解としか言いようのない機器の故障と人為ミスが重なった結果、引き起こされていることから、反原発を掲げる何者かによるテロではないかという噂さえささやかれています。

さらに、国際連合やWHOの調査によれば、これらの事故で放射線の影響で亡くなったのは、チェルノブイリの事故の数十名だけであるとされています。

これに対して、WHOの調査では、化石燃料による大気汚染で亡くなる人々は、毎年300万人に上るといいます。比較にならないほどの大きな差なのです。この恐ろしい現実がなぜ放置されているのでしょうか？

40年ほど前には、石油の可採年数（現存埋蔵量を生産量で割った数字）は30年といわれていました。しかし、40年経ったいま、石油はなくなるどころか、向こう50年分の埋蔵量があるといいます。

これは地中にある石油を採取する技術が向上したために、資源の総量ではなく採掘量が増えたためです。今後、地中のより深部や採掘困難な場所からも採掘できるようになれば、埋蔵量はさらに増えるでしょう。

また、かつては石油は生物の堆積物であるとする説が有力でしたが、最近の研究では、この説を疑問視する声も上がっています。地球の深部にある無尽蔵の炭化水素が石油に変化してしみ出してくるのではないか、という驚くような説もあります。この説が本当なら人類は石油に困ることはありえないことになります。

いずれにせよ、人類が石油に困ることがなくなれば、今後、世界のエネルギー需要が増加するごとに、化石燃料を使い続けていくことになるでしょう。これでは、早晩、地球は空気中の炭酸ガス増加で壊滅するでしょう。

いま世界では統合型高速炉（ＩＦＲ）や小型モジュラー炉（ＳＭＲ）など、安全性を備えたすぐれた次世代原子炉の開発が進められています。ロシアと中国は原子力で協定を結ぶ見通しであり、両国が共同で原子力発電を推進していくことになるでしょう。

福島の事故以降、日本はしばらく原発の稼働を控えていましたが、ICRPを批准していない共産圏のロシアや中国はどんどん原発をつくってエネルギー大国へのし上がろうとしています。

先にも述べましたが、ICRPの勧告は古い科学的根拠にもとづいてつくられたもので、4章と5章で詳述するような最新の放射線に関する知見をまったく反映していません。

放射線の人体への影響についての誤った見解は、米国DNA研究核医学会の大御所でカリフォルニア大学名誉教授のマイロン・ポリコーブ博士が、「人類にとって二つ目の科学的大スキャンダルだ」と糾弾しています。

一つ目は、1616年、地球が太陽のまわりを回っている地動説を主張したガリレオ・ガリレイを、ローマ教皇庁が裁判にかけて断罪したことを指しています。もちろん、ガリレオが正しかったわけです。

二つ目が放射線が人体には微量でも有害であるとする、今日一般に広まっている説です。もちろん、これも誤りであると多くの科学者は訴えているのです。

放射線分子生物学の創設者であるルードヴィッヒ・ファイネンデーゲン博士をはじめとする科学者は、「最近20年の放射線生物学の進歩はめざましい。近年の発がんに関する解明とその防御機構の発見は、放射線は微量でも有害であるという説を否定するもので、その説をいまだに信仰しているＩＣＲＰの国際勧告はいまや古いものになっている」と訴えています。

これまでに見てきたように、日本も世界でトップレベルの原子力技術が備わっています。しかし、もし日本が科学的思考の欠落により原発の利用を抑えれば、エネルギー的にも電気料金からも地球環境対策からも、世界最低の国になるでしょう。

原発事故以降、国内の原発を止めているために、火力発電の稼働に要する追加燃料の輸入増などで、毎日、１００億円もの費用がかかっています。

この費用はもちろん私たちの電気代に反映され、ただでさえ世界に比べて高いといわれる日本の電気代は３割４割増しと跳ね上がるでしょう。石炭石油業界は日本がお金持ちだからたくさん買ってもらいたいわけですが、彼らの思惑どおりに日本が原子力政策を手控えれば、国内の中小企業は次々と破綻していくでしょう。

ストーン監督はこう日本人にメッセージを送っています。

「日本の皆さんは、現在を危機ととらえて、逆行してしまうのでなく、将来に対して何ができるかをぜひ考えてほしい。昔に立ち返って、化石燃料を海外から大量に輸入して、経済も落ち込んでしまうのでなく、福島事故は本当に痛ましい教訓ではあったが、この教訓から大いに学んで、将来に向かう姿勢をぜひ見せてもらいたい」

将来使用するエネルギーの選択において、私たちはいま歴史的に重大な分岐点に立たされています。正確な情報にもとづいて、正確な判断をしなければならないのです。

環境保護活動家らが原発支持派へ！

「原子力産業は死の産業です。がんを生み出します、世の中を破壊します、人々を殺し続けます」

「原発はいますぐにすべて撤廃すべきだ。太陽光、風力、潮力、地熱、現在これだけの使用可能なエネルギー源があるのだから、すべての原子力・火力発電所を閉鎖できる、廃止できるんだ。われわれには技術がある。自然を利用できるんだ」

映画『パンドラの約束』に登場する反原発運動家たちの言葉です。

まことしやかに聞こえますが、これらはすべて、科学的にものごとを深く考えられない人々の恐ろしい誤解によって生まれた言葉であることがわかります。

環境保護運動の巨頭と呼ばれるスチュアート・ブランドは、アップルの創始者・故スティーブ・ジョブズにも多大な影響を与えた人物として知られています。ジョブズがスタンフォード大学の卒業式で述べた言葉「Stay Hungry Stay Foolish」は、ブランドの著作物から生まれたものです。

ブランドは自問自答します。

「私は環境保護論者として原発には反対です。私や友人たちの考えが間違っていたら？」

第二次世界大戦のことを少し覚えていて、広島と長崎の写真や映像を見ていたブランドにとって、原子力とは原爆のことでした。その後、アメリカ、ロシア、中国で2000回以上の核実験が行なわれ、故郷が爆破されて自分だけが生き残る悪夢を何度も見たといいます。

2003年、政府による「気候変動に関する研究会」に請われて参加し、ユッカマウンテンの核廃棄物貯蔵所などで新エネルギーに関する真剣な検討を行なううちに、原子力こそが「地球温暖化の解決手段であり、人口増加に対応できる新エネルギー源」であることを確信したといいます。

「私は数十年にわたって環境保護派たちをミスリードしてしまったと後悔した」

そう語るブランドの言葉には重みがあります。

また、イギリスの作家・環境活動家で、気候変動の専門家でもあるマーク・ライナースは、「地球温暖化は人間だけの責任なのか?」という問いに、「はい、そのとおりです」と答えています。

「子供の未来を考え始めました。温暖化の阻止はやる気次第です。子供を愛することは、未来の地球を愛することです。だからこそ、ちゃんとしないと」

「原子力はCO2が出ないので解決策になると思いました。でも、認めたくなかった。恐かったんです。情けないですが、いままでの仲間たちを敵にしたくないからです」

世の中の大多数の人たちが「原発反対!」と訴える中、自分だけ正反対の意見を持つには多大な勇気が必要です。

まず、常識を疑うことから始めてみるのもいいでしょう。世間ではこんなことがいわれているけれども、それは本当のところどうなのだろうか、と自分の頭で考えてみるのです。世間にあふれている情報の海に溺れ流されてしまってはいけません。情報を取捨選択して自分の頭で吟味し、手と足を使って泳ぐことが必要な時代です。

ここで簡単に、CO2が増えるとなぜ温暖化するのかお話しします。私はこの現象について、以前、マサチューセッツ工大のケリー・エマニュエル教授を訪ねて、いろいろ質問して、親切に教えていただいたことがあります。

太陽の光は地面に当たるとエネルギーを失って波長の長い赤外線側の成分の多い光になって空中に戻っていきます。その際、CO2の分子構造から、地面などから反射された波長の少し長くなった光はCO2層に捕まりやすくなってしまうのです。入ってくる光よりも、返っていく光のほうが少なくなっているため、地球にとどまった光の分だけ地球表面の空気や海水の温度が上昇するのです。

CO2が増えれば増えるだけ、宇宙に返る光が少なくなり、その分だけ温暖化が進みます。こういった原理で温暖化が進行しているのです。

原子力エネルギー以外の選択肢はない！

マイケル・シュレンバーガーは、「環境運動の考えには賛成でしたが、気候変動への古臭い考えに幻滅した」と言います。

左記は、国際エネルギー機関（IEA）が公表している、世界の発電供給量のデータ（2013年版）です。

世界全体の発電手法（2013年）

石炭：42・0%
石油：4・5%
天然ガス：22・1%
原子力：10・8%
水力：16・9%
地熱：0・3%
太陽光：0・6%
太陽熱：0・0%
風力：2・8%
潮力：0・0%
バイオマス：1・6%
廃棄物：0・4%
その他：0・0%

CO_2を出す石炭、石油、天然ガスだけで、実に全体の68・6％に達しています。その一方で、太陽光や風力、地熱、バイオマスといった再生可能エネルギーによる発電量は、全体のわずか5％ほどに過ぎないのです。

「化石燃料を太陽光や風力などに置き換えるなど夢物語です。これには失望し、説を広めた人に怒りを感じました」

シェレンバーガーがそう嘆くのも無理はありません。温室効果ガスの削減を訴え、各国ともに再生可能エネルギーに注力してきた結果がこれでは、未来に希望を見出すことができなくなってしまいます。

また、省エネでは人類を救うことはできないと言い切ります。

「多くの人は省エネを考えているかと思います。しかし、使用料は増える一方。iPhoneの電力使用量を見ても、電話や充電、見えていなくても接続されているものなど……。冷蔵庫より多くのエネルギーが使われています」

リチャード・ローズの発言はさらに衝撃的です。

「エネルギーと生活の質には相関性があります。人類の半数以上を貧困や短命にしたくなければ、より多くのエネルギーが必要です」

エネルギー消費の少ない地域では短命なのだといいます。一方で、生活水準の高い国がエネルギーを消費しています。彼らは何不自由のない快適な暮らしを享受し、教育や医療体制も充実しているでしょう。

私たち日本人の生活を見渡せば、そこには過剰ともいえる電力の消費が行なわれていることに気づかされます。省エネなどが推奨されますが、ほとんど焼け石に水にしかなりません。

資本主義社会で生きていくということは、大量のエネルギーを消費し続けることなのです。とはいえ、空気中の炭酸ガス濃度を上昇させることだけは徹底的に回避しなければなりません。

これからの数十年間に、いまの途上国が先進国並みに発展していくことでしょう。ある試算によれば、2050年までに電力の使用量は2倍になるといいます。今世紀末には3、4倍になっているでしょう。

これらの電力を化石燃料で賄うことは不可能です。そんなことをすれば、排出されるCO2による温暖化や異常気象が致命的なまでに私たちの生活を変えてしまうでしょう。

もはや新たなクリーンエネルギーを創出するしか、私たち人類が生き残るすべはありません。

アメリカ史上最悪の原発事故であるスリーマイル島の事故では死亡者が出ている、と多くのアメリカ人が勘違いしていますが、実際には一人も出ていないことを、グイネス・クレイヴンズは指摘しています。チェルノブイリでは何万人もの核廃棄物が国中に拡散し、水道に漏れ出たと思っていますが、それもまた違います。メディアの印象操作が行なわれた結果です。

「米国の原発で死者は一人も出ていません。歴史上誰も亡くなっていません。バーモントヤンキー原発では抗議者が廃炉を叫んでいます。健康に悪いと。違います」

クレイヴンズは続けます。

「バナナ1本食べることで放射性カリウムを取ることになり、原発から出る水を飲むより被曝量が大きいのです」

私たちの多くが天然の放射線にさらされている事実を知りません。空気や地面からも、食べ物や水も放射線を放っています。宇宙からは絶えず降り注いでいます。そのため、放射線の完全否定はまったくの無意味なのです。

ちなみに、放射線は標高が高いほど増えます。つまり、高所にいる人たちは低所の人々よりも多く放射線を浴びているのです。たとえば、ニューヨークから東京まで飛行機で飛ぶと通常の20倍の放射線を浴びることになりますが、そのことで文句を言う人は誰もいません。

放射線の誤解に関しては後ほどゆっくりお話しします。

ストーン監督とライナースはチェルノブイリにも足を運んでいます。そこで二人は驚くべき光景を目の当たりにします。

チェルノブイリはいまも放射線に汚染されているとして規制されていますが、避難先から戻ってきた人々が大勢暮らしているのです。

地元の教会の司祭は言います。

「何世紀も住んできたチェルノブイリこそが我々の故郷だからね。誰一人ここから離れたくなかった。1987年の春にはもう戻って来始めていた。もちろん、入らせてもらえなかったから林の中を歩いた。人々はそれぞれ家に戻った。そして、またそこで住み始めた。ここチェルノブイリに住んで25年になる。身体に異常はない。戻ってきた人たちも誰一人がんや病気で亡くなっていない」

放射線の後発的な被害を研究している腫瘍学の専門家らによれば、死の灰による人への被害はごく一部だったといいます。

さらには、多種多様な動物たちがその個体数を増やし、まさに動物の楽園と化しているのです。放射線は動物たちを脅かすことはありませんでした。

被害予想は間違っていたのです。資料はすべて公表されており、国連やWHOも公認済みです。人々はチェルノブイリの都市伝説に振り回されてきたといえるでしょう。

国際原子力機関（IAEA）の調査団は1年の調査の結果、「放射能汚染に伴う健康被害よりも、放射能を怖がる精神的ストレスのほうが健康に悪い」とコメントしています。突然に家を失って避難生活を余儀なくされてしまうことで被るストレスは計り知れません。直接的被害と同様に、間接的被害も無視できないものがあります。

いま福島の第一原発周辺ではイノシシやネズミが大繁殖しているといいます。まさにチェルノブイリと同じ動物たちの楽園と化しつつあるのです。

私とチャールズ・ティルとの「パンドラの約束」

映画『パンドラの約束』には、アルゴンヌ－IFR計画のリーダー、チャールズ・ティルが登場しています。ティルとは私もアルゴンヌで共同研究して以来の仲です。

ティルは、1980年、アルゴンヌ国立研究所に新型原子炉開発の全体指揮として雇われました。目的はどんな事故にも耐えうる新しい原子炉、IFR（Integral Fast Reactor：

一体になった高速炉）の設計です。ＩＦＲでは燃料の製造から原子炉から再処理まで、すべて１か所で行なうことを目指します。燃料を運ぶために輸送する必要がなく、コスト削減にもなります。予算は年間１００億円で、科学者と研究者などで１５００人もの大規模なプロジェクトでした。

映画の中でも、私が感動したあの奇跡の実験の様子が紹介されています。しかし、肝心なＩＦＲとは何なのか、その革新的技術の内容については、まったく触れられていませんでした。なぜでしょうか？

ＩＦＲはこのプロジェクトの始められる何年も前から、アルゴンヌが自主的に研究していた技術が使用され、一般に普及している原子力とはかなり趣の異なる独創性に富んだものでした。成功すれば世界が変わったはずです。そして、それは何も失敗していませんから、いまからでも世界を変えられる技術なのです。

１９９４年、クリントン政権の政策変更により、日米の研究チームは解体となりました。日本へ発つ前日の夕刻、アルゴンヌのスタッフが私たちのために盛大なパーティーを開いてくれました。実に8年もの間、苦楽をともにしてきた仲間たちです。私たちは別れを惜しみつつ、料理に舌鼓を打ち、グラスを傾けました。

そのとき、プロジェクトリーダーだったチャールズ・ティルから贈られた言葉はいまでも忘れられません。地平線に沈みゆく夕日を指差して、チャールズはこう言いました。

「あちらの方角に日本がある。われわれの仕事は日本で続くんだ。高速増殖炉と乾式再処理は、1グラムのウランを150倍の価値にすることができる。再処理コストもピューレックス法に比べると、16分の1で済む。

噂によれば、日本は水中のウランを吸着する技術を開発したそうだ。ウランが150倍の価値になれば、水中ウランの採取にコストがかかっても十分に元が取れる。海水のウランで日本はエネルギー大国になるだろう。われわれはそういう技術を日本に伝えたんだ。日本は世界平和のためにいますぐに立ち上がってほしい」

海水中には極微量のウランが溶け込んでいます。地球上にある45億トンという膨大な海水の中に、利用可能な鉱石に存在する量の約1000倍ものウランが存在すると推測されます。この海水中のウランを吸着して採取する方法を日本が開発しているのです。

現在では採算性により先送りされていますが、技術は日々進歩しており、将来的には無尽蔵ともいえるウランを日本が手に入れることも夢ではないのです。

IFRは日本にほぼ技術移転が完了し、パンドラの約束をどうするかは事実上、日本の課題になっています。現在、都内の狛江市にある電力中央研究所で、「金属燃料・乾式リサイクルプロジェクト」という名称で受け継がれています。

アルゴンヌの研究者たちはすぐれた技術ＩＦＲを生み出しました。次は、日本が人類世界を変えるアルゴンヌのこの歴史的業績を実らせなければならないのです。

ちなみに、世界一の超安全原子炉を実証（１９８６年４月３日）して、30年間の立派な運転実績を残したアイダホのＥＢＲⅡは、現在、廃炉工事中になっています。

ここでもう一度、ＥＢＲⅡの大実験の結果について述べさせていただきます。

アルゴンヌ研究所で30年ほどたくさんのデータを取って運転された2万キロワットのナトリウム冷却炉の話は、１９８６年４月３日のフルパワーから停止動作（制御棒挿入）なしで全冷却系電源遮断しても原子炉は立派に停止し、なんともなかったという大実験成功など、書くべきことがたくさんあります。

ＥＢＲⅡの研究実績はまた別の折に詳しくご報告しなければと思っておりますが、ここでは、フルパワーから電源を切ってしまってもなぜ大丈夫だったのかといったお話にポイントを置きますと、原因は金属燃料なのです。金属燃料の原子炉は、核分裂で発生したあらゆる種類の核分裂生成元素のうちの気体状の元素が金属燃料の中に一様に分布したものになっています。すると、この燃料は普通の金属と違って温度上昇時に熱膨張率の大きい金属になっていて、温度上昇時は膨張して、密度の低い金属棒になります。すると必然的に核分裂密度は低下します。

ＥＢＲⅡで弁を閉じてエネルギーを持っていかれなくしたときに温度が上昇したように、、電気需要が減少するとエネルギーが持っていかれなくなって、温度が上昇し、密度が低下して核分裂発生密度が低下してエネルギー生産が減り、温度が下がればエネルギー生産が増えるのです。これを逆に言えば、電気が多く使われるとエネルギーが持っていかれるので温度が低下して核分裂密度が上昇し、エネルギー生産が増すのです。つまり完全な負荷追従電源になるのです。

原子力大国フランスの例

映画では、原子力大国のフランスの例が引かれています。

フランスは日本同様、エネルギー資源に恵まれず、化石燃料の埋蔵量は世界全体の約０・０１％ときわめて乏しい国でした。そのため、１９７３年の第一次石油危機以来、エネルギーの対外依存の低減を目標に、原子力開発をエネルギー政策の根幹として精力的に進めていきました。

その結果、2015年1月現在、58基、6588万キロワットの原子力発電設備を有し、総発電電力量の約73・3％を原子力発電が占めるまでに至りました。フランスはいまアメリカに次ぐ世界第2位の原子力発電大国となっています。

また、フランスの総発電電力量の約90％が原子力と水力発電によるもので、CO2排出量の大幅な削減を達成しています。近年では、電力消費の伸び率が鈍化しているため、イタリアやドイツ、スイスなどの近隣諸国へ電力の輸出を盛んに行なっているほどです。

ちなみに、フランス人1人あたりのCO2排出量は、1年間で見た場合、5トンほどで、これはドイツの10トンの2分の1です。

しかし、状況は刻一刻と変わっていっています。

福島第一原発事故後、2012年5月、最大野党である社会党のフランソワ・オランドが大統領に就任すると、電源多様化の観点から「縮原発（原子力発電比率の引き下げ）」を打ち出し、現在の75％から2025年までに50％に提言することを宣言しました（本当の理由はわかりませんが）。

とはいえ、フランスの原子力産業は40万人の雇用を抱える一大産業であるため、産業界からの反発はもとより、支持母体である社会党からも反対の声が上がっているとのことで、今後の動向次第ではこれから先どのようになるのかわかりません。

近頃、フランスが開発する予定の高速実証炉「ASTRID（アストリッド）」の総費用約50億ユーロ（約5700億円）の半分を、共同研究を企画している日本政府に折半したい考えであるというニュースが報じられました。

日本は高速増殖原型炉「もんじゅ」の後継になる高速炉を開発するために、アストリッドの共同開発で得た知見を生かし、日本独自の実用炉を開発する方針だといいます。しかし、ASTRIDがどういったものであるか、日本で詳細に発表されていません。なぜ日本はそんなものに参加するのでしょうか。

今後の世界、日本の原子力政策の行方に目が離せません。

ガイア理論のラブロック博士が原発支持

現在、世界の核保有国は、アメリカ、ロシア、イギリス、フランス、中国、インド、パキスタン、北朝鮮、そして、イスラエル（公式な保有宣言はなし）の9ヵ国であるといわれています。しかし、その気になれば核兵器を開発できる国は、実に37ヵ国に上るだろうといいます。

リチャード・ローズは、「核はなくしたければつくり方を忘れるのではなく、なくしたいという想いこそが核をなくせるのでしょう」と言っています。

アメリカは核兵器をエネルギーに再利用しています。

「街を爆破するためにつくられたものがいまや街の明かりをともすために使われる。理想は世界中の核兵器がすべて電力に代わることです」

そうスチュアート・ブランドは語ります。

核兵器の悪しきイメージから脱却できれば、原子力こそが未来を拓くエネルギーであることがわかるでしょう。

２０１６年11月に、アメリカでは共和党のドナルド・トランプが大統領の座に就きました。強硬な保守派で知られるトランプは、「世界が核に関して良識を取り戻すまで、アメリカは核戦力を大幅に強化、拡大する必要がある」などとツイッター上に投稿し、それに対抗する形で、ロシアのプーチン大統領もまた、「戦略的核戦力の軍事能力を強化する必要がある」などと返したといいます。

世界の情勢は刻一刻と変化していますが、再び冷戦の時代に突入し、核戦力の増強などという狂気の政策が取られないことを望みます。

原発を危険視していた環境保護活動家も、化石燃料の燃焼がもたらす未来を理解することで、「石油から原子力へ」と宗旨替えをすることはけして異常なことではありません。

2005年4月に、国際的な環境保護団体「グリーンピース」の創設者のひとりであるパトリック・ムーアが、「原子力は、化石燃料に代わって世界中のエネルギー需要を満たすことのできる、唯一の非温暖化エネルギーである」というスピーチを、アメリカ上院のエネルギー・天然資源委員会の席で行なったのが大きなきっかけとなりました。

地球をひとつの生命体と見なす「ガイア理論」の提唱者として有名な環境・未来学者のジェームズ・ラブロックもまたそのひとりです。

1960年代、地球生命体は死にかかっているというラブロックの主張は、地球ガイアの叫びとして、多くの環境保護活動家に影響を与えました。以前、ラブロックはほかの産業活動の規制とともに、原子力もまた地球環境にとっての脅威であると反対を訴えていました。

ラブロックが原子力擁護へと考えをあらためたきっかけをつくったのは、「原子力を支持する環境主義者協会（EFN）」の主宰者であるフランスのエコロジスト、ブルーノ・コンビでした。

EFNは非営利組織で、「エネルギーと環境に関して、徹底した偽りのない情報を一般公衆に提供し、よりクリーンな世界のために原子力の恩恵を広げるべく、クリーンな原子力を人々が団結して支持すること」を目的としています。

コンビは自身の著書に寄稿をもらおうと、ロンドンにあるラブロックの自宅を訪ねました。二人の間で長い議論が交わされた末、ラブロックは「地球ガイアの終焉を止めるためには、原子力の推進以外に道はない」と開眼したといいます（コンビがこのときの様子を会員に向けて書いたメールが、後年、私が見せられたメールです。抜粋した訳文を6章に掲載してありますので、ご一読ください）。

3・11の事故以降、世界の原子力発電の在り方が問われています。

一部の有識者と環境主義活動家たちは、地球環境をめぐるさまざまな現実を天秤にかけ、原子力エネルギーを選択するべきとの結論に至りました。

原子力は環境にやさしいのです。

そしていま、原子力から生まれ、忌み嫌われてきた放射線が、私たち人間をはじめ、すべての生命体にやさしいことがわかってきたのです。

第4章

原発と放射線に関する誤解

～原子力を怖がらせる必要があった～

「放射能は怖い」は本当か？

「放射能は怖い」

「放射線に被曝するとがんになる」

巷間ではそんなことが言われていますが、そもそも「放射能」や「放射線」とは何でしょうか？　それを理解するためには、原子や電子といった「極小の世界」について少し立ち入る必要があります。

よく知られているとおり、物質を細かくしていくと「原子」にたどり着きます。たとえば、水（H_2O）は水素原子（H）二つと酸素原子（O）一つがくっついたものです。

この原子は、プラスの電荷を帯びた「原子核」とマイナスの電荷を帯びた「電子」で構成されています。原子核の周りを衛星のように電子がぐるぐる回っているといったイメージです。

さらに、原子核は「陽子」と「中性子」に分けられます。原子番号8の酸素の場合は、陽子が8個、中性子が8個です。

陽子の個数によって原子に種類が生まれ、高校のときに学習した元素表に載っているあらゆる種類の元素が誕生します。２０１５年に、日本の理化学研究所が元素番号１１３番の新元素「ニホニウム」を合成したことで話題になりました。

現在までに発見されている元素は１１８個あり、そのうち、自然界に存在するものは原子番号92番のウランまでといわれています。

中性子の数の違いにより、同じ元素でもさらに種類が生まれます。

たとえば、水素の場合、陽子の数は一つですが、中性子の数が0個の普通の水素、中性子が1個の重水素、2個の三重水素の三つがあります。これらは「同位体（アイソトープ）」と呼ばれます。

原子核の種類によっては非常に不安定で壊れやすいものが存在します。

不安定な原子核は、時間の経過とともに崩壊して、別の原子核へと変化していくのですが、その間、放出されるのが、アルファ線、ベータ線、ガンマ線といった高いエネルギーを持った高速の粒子や短い波長の電磁波です。これが「放射線」と呼ばれるものです。

ウランにも同位体が存在しており、陽子数92と中性子数１４３の「ウラン２３５」と、陽子数92と中性子数１４６の「ウラン２３８」の二つの場合が最も多いのです。このうち、ウラン２３８は安定していますが、ウラン２３５は不安定です。

ウラン２３５が中性子を一つ吸収して核分裂（原子核が分裂すること）を起こすと、さまざまな不安定な原子である放射性物質（放射線を出す物質）が生成されます。このとき、高速の中性子が2個から3個飛び出すのですが、これは中性子線と呼ばれる放射線です。

ウランからできる放射性物質は200種類以上にも及び、これらの放射性物質は大変不安定なために、アルファ線やベータ線、ガンマ線などを放出しながらどんどん崩壊していきます。そのように、ウランはさまざまな物質を経て、最終的に鉛へと変化するのです。この放射線を放出しながら崩壊する性質が「放射能」です。


よく言われる「半減期」とは、ある放射性物質が放射線を出しながら他の物質へと変化していく、ちょうど半分のところまで来るのにかかる時間のことです。

放射線を出す物質（放射性物質）の半減期の長さは物質によって異なり、たとえば、ウラン238だと45億年もかかりますが、ラドン222では96時間ほどとなります。

この一部の放射性物質の長い半減期が、放射線はいつまでも消えてなくならないという恐怖を与える悪いイメージに一役買っているようです。ですが、半減期が長いということは、それだけ放射性物質または放射線を出すのに時間がかかるということなので、その分放出する放射線も少ないということなのです。

放射性物質にはさまざまな種類があり、放射線にも種類によって線量（放射線の度合いを表す量）に違いがありますが、それでは、一般の人たちには「どの物質がどのくらいの放射線を出しているのか」よくわかりません。そこで、「ベクレル」や「シーベルト」といった単位がつくられました。

「ベクレル」は、物質の放射する放射線量を表す単位で、「シーベルト」は、人体が受ける放射線量を表す単位「グレイ」に、被害をもたらす程度の係数を掛けたものです。簡単に言えば、「与える側」と「受ける側」の違いです。

要するに、放射線が人体に与える影響度を「ベクレル」や「グレイ」とか「シーベルト」という単位にまとめて表すため、「宇宙空間で浴びる10ミリシーベルト」と「福島で受ける10ミリシーベルト」は、基本的に人体に与える影響は同じということになります。

自然界には放射線がいっぱい！

「放射線はDNAを傷つける」

「遺伝子を狂わせて、がん化をもたらす」

巷間ではさまざまなことが言われており、ほんの少しでも放射線を浴びれば大変なことになると思っている人が少なくないようです。

しかし、私たちは日常的に放射線を浴びていると知ったら驚かれるでしょうか？

実際、自然界は放射線に満ちていると言っても過言ではありません。宇宙から降り注ぐ放射線、放射性物質を含む大地からの放射線、食品からの放射線、空気中のラドンを呼吸することで取り込む放射線、病院での検査や治療で受ける放射線などなど……。

カリウムを多く含むバナナを1本食べると、カリウム中に微量に含まれるカリウム40という放射性物質の影響により、0・1マイクロシーベルト被曝することになります。

他にも、墓石にも使われる花崗岩や古い陶器やガラス製品、猫のトイレ用の砂にも微量のウランが含まれています。また、多くのタバコは、ポロニウム210や鉛210という放射性物質を含有しています。

しかし、これらは極めて微量であるため、私たちは何ら影響を受けることはないのです。

「天然の放射線は人体に影響はなくても、原発から漏れるような人工的な放射線は危険なのではないか」

これもよくある勘違いのひとつですが、自然界で発生する放射線（自然放射線）と、人が生み出す放射線（人工放射線）とは性質において何ら変わりはなく、人体への影響もまったく同じです。両者ともに共通の「ベクレル」や「シーベルト」で表されるのです。

私たち日本人が日々さらされる自然放射線は1年間で1・5ミリシーベルト（ｍＳｖ／

y）といわれています。世界平均では年間2ミリシーベルトです。福島では年間1・5ミリシーベルトに抑えるよう議論されていますが、すでに私たちはそれだけの放射線を普通に浴びているのです。

さらには、世界には「高自然放射線地域」ともいえるスポットがあります。原因は、ウランやトリウムなどの放射性物質を多く含む大地から放射している自然放射線によるものです。年間10ミリシーベルトを超える地域さえあります。

中でも、4つの地域が世界でもかなり突出して高放射線の地域です。中国広東省の陽江では2・3ミリシーベルト、ブラジルのガラパリは5・5ミリシーベルト、インドのケララは9・2ミリシーベルト、イランのラムサールは平均4・7ミリシーベルトです。

これらの地域に住む人々には何も影響はないのでしょうか？

彼らは何の支障もなくそこで生活していますし、ラムサールではがんはむしろまれな病気であり、比較的長寿であるとさえいわれています。他の高放射線地域でも、がんの発生率は他の地域と比べて変わらないのです。

また、地球を離れて宇宙に行けば、そこは放射線に満ちた世界です。

宇宙ステーションに滞在する宇宙飛行士は、毎時45マイクロシーベルトを浴び続けており、帰還するまでの半年間に180ミリシーベルトの放射線を浴びることになります。

とはいえ、彼らががんになって健康を損ねたという話は聞いたことがありません。宇宙飛行には50年の歴史があり、宇宙飛行士の安全が確認されているので、これまで何百人という宇宙飛行士が宇宙に送り出されています。

基本的に高度が上がれば上がるほど高い放射線を浴びることになります。宇宙にまで行かなくとも、国際線のパイロットや客室乗務員も通常の人よりもはるかにたくさんの放射線を浴びていますが、健康被害が起きたという話はありません。

福島では年間20ミリシーベルトを上限にしていて、それに反対している人たちがたくさんいますが、年間100ミリシーベルトまでは健康にまったく異常が見られないことが調査の結果わかっています。何世代にわたって生活している人もいるにもかかわらず、遺伝的な影響もまったく見られません。

驚くべき細胞の自己修復能力

私たちがあらゆるものから放射線の影響を受けていることを知ってショックを受けたでしょうか？

少しずつ被曝していってそれが蓄積していき、何か身体によくないことを引き起こすのではないかと心配されている方も多いかもしれません。

それもまったく心配には及びません。

私たちの細胞の中の遺伝情報庫であるＤＮＡは、常時、自らの修復活動を行なっていて、仮に自然放射線の10万倍の強さの放射線を浴びたとしても、確実に修復できることが研究からわかっているからです。

１９９６年、マイロン・ポリコーブ博士とルードヴィッヒ・ファイネンデーゲン博士が大論文を発表しました。

「活性酸素による攻撃は、自然放射線の１０００万倍で、われわれの細胞は1個当たり、毎日１００万件のＤＮＡを修復して生命を維持している」

また、２００1年、モーリス・チュビアーナ博士はダブリンで次のように講演しています。

「自然放射線の10万倍、すなわち10ミリシーベルト／時以下なら人の細胞でのＤＮＡ修復は十分になされ、修復に失敗した細胞を除去するアポトーシス（細胞の自己死）による人体細胞の防御活動を考えれば、防御機構はパーフェクトで、10ミリシーベルト／時以下であれば発がんなどありえない。このことは自然放射線の１００万倍（１００ミリシーベルト／時）あたりまでいえるかもしれない」

自然放射線の１００万倍は１００ミリシーベルト／時です。1時間に10ミリシーベルトでも問題ないのですから、福島における年間20ミリシーベルトなんてまったく心配には及ばないレベルであることがわかります。

それだけではありません。少量の放射線は生物の生命活動になくてはならないものだといったら驚かれるでしょうか？

人間をはじめ、あらゆる生物は放射線がなければ生きていけないのです。

人間の細胞には、カリウムを取り込んでナトリウムを放出するという、ナトリウムカリウムポンプというシステムがあります。カリウムにはカリウム40というものがあり、放射線のひとつであるベータ線を出しています。人間の細胞はこのカリウム40を取り込まなくては活動できない仕組みなのです。

研究では、カリウム40を取り除いたカリウムで細胞実験を行なったところ、その細胞は活動を停止してしまったそうです。つまり、カリウム40が出しているベータ線が生命活動には必要だということです。この実験結果から、人間の生命活動の根源はベータ線にあるとする科学者もいます。

マスコミは、放射線は少しでも取り込むと危険であるとあおり立てていますが、人間は生命活動を維持するために、カリウム40を取り入れて細胞の奥で内部被曝しているのです。

私たちは食物から約40種類の必須栄養素（ビタミン類、無機物およびアミノ酸）を摂取しています。そして同様に、酸素、重力、気温、光、そして、放射線を必要とするのです。

本当の問題はいかにして安全により多量の放射線を受け取るか、なのかもしれません。

さらに、私たち人間自身も身体に放射能を持っているのです。

体重60キロくらいの成人で、だいたい7000ベクレルくらいの放射能を持っています。知り合いの研究者の話では、ラドン温泉が好きでよく行くような人では、1万ベクレルくらいあるかもしれないということです。つまり、そういう人の身体の表面からは0・2マイクロシーベルト／時くらいの放射線が出ているのです。

ノーベル賞受賞者の勘違いが生んだ風説

このように、私たちが思っている以上に、放射線というものは安全であることがわかっていただけたかと思います。原子爆弾のように一時に大量の高線量の放射線を浴びれば命にかかわりますが、いまの福島の避難指示区域レベルの放射線はまったく恐れる必要はないのです。

なぜ「放射能は怖い」という風説が流布されるようになったのでしょうか。

その起源は、いまから100年以上前の1895年、ドイツのヴィルヘルム・レントゲンという物理学者が「目に見えない不思議な放射線」を発見したときまでさかのぼります。可視光線を通さない紙や木は透過するのに、人の骨や鉛は不透過である性質を持つこの光は、「エックス線」と名付けられました。病院で使うレントゲンはこの人の名前を取ったものです。

レントゲンはこの発見により、栄誉ある第1回のノーベル物理学賞を受賞します。授賞理由は、「のちに彼の名が付けられた注目すべき放射線の発見によって成し遂げた非凡な貢献を認めて」ということでした。

このエックス線の発見に導かれるようにして、1896年に、アンリ・ベクレル（その名前は放射線量を表す単位になりました）によってウラン放射能が発見され、ベクレルによるウラン放射能の研究を発展させて、トリウムも放射能を持つことを見出し、新元素ポロニウムとラジウムを発見したのが、かの有名なマリ・キュリーです。第3回のノーベル物理学賞はベクレルとキュリー夫妻に授与されています。

このように、レントゲンは放射線研究の大本をつくった人物であるといってもいいでしょう。エックス線発見のニュースは瞬く間に世界中に知れ渡り、一大センセーションを引き起こします。物体を透視する不思議な光線が、当時の人々にどれほどの衝撃を与えたかは想像に難くありません。手のエックス線写真を記念に撮影することが流行し、そのための写真館まで開業されたというほどです。

エックス線の発見に舞い上がったのは一般の人たちだけではありませんでした。ベクレルやキュリー夫人のように、研究者たちもまた熱狂し、エックス線を使ったさまざまな実験が繰り返し行なわれました。

しかし、その当時はまだ放射線がどういうものかについて、まだ詳しいことがわからなかった時代なのです。ベクレルやキュリー夫妻でさえ、放射線の持つ影響力など知らずに、高線量の放射性物質を素手で取り扱い、実験室は放射線まみれの状態でした。

ここに、第一の悲劇がありました。研究者たちはうかつにも非常に強力なエックス線を使用して実験を行なったのです。おそらく1シーベルト／時単位の線量率ではなかったかと推測します。すると、研究に携わった研究者たちにいろいろな障害が出るようになり、ついには、エックス線は「殺人光線」と恐れられるようになったのです。

1927年、「エックス線は人体に有害である」との認識が決定的になる発見がありました。アメリカの遺伝学者、ハーマン・J・マラー博士が、エックス線をたくさんのショウジョウバエに照射したところ、照射した放射線量に比例して突然変異が発生したのです。

この発見により、マラーはノーベル生理学・医学賞を受賞します。

実のところ、マラーが実験を行なった当時はまだ、DNAについての研究は進んでいませんでした。もちろん、先ほど述べたように、DNAに修復機能があることなど知る由もありません。さらには、ショウジョウバエの精子はDNAが修復活動をしない特別なものであることものちに判明しました。なんという神のいたずらでしょうか。

しかし、マラーがノーベル賞を受賞したことにより、この実験結果は何人も批判しえない権威となってしまったのです。これにより、放射線は少しでも浴びると危険だという考え方ができあがりました。これが現在も放射線防護に大きな影響を与えている「直線仮説」（LNT仮説）です。


象牙の塔の中で行なわれる研究成果だけでなく、現実世界においても、人類は放射線の恐ろしさをまざまざと見せつけられる出来事がありました。

広島と長崎に落とされた原子爆弾です。20万人以上の尊い命が犠牲になりました。

その衝撃が世界に与えた影響は計り知れません。しかし、その兵器としてのすさまじい破壊力ゆえに、各国が核兵器開発に躍起になり、度重なる核実験を行なうようになっていきます。

日本人が被害を受けたものでは、1954年3月1日に、マーシャル諸島近海のビキニ環礁で操業中の第五福竜丸が、アメリカ軍により行なわれた水爆実験に遭遇し、被曝するという痛ましい事件がありました。数時間にわたって放射性物質の灰を受け、船員23人が被曝し、半年後に船長が死亡しています。

原子力発電所での大規模な事故も起こりました。1976年に、アメリカペンシルバニア州でのスリーマイル島原発事故、1986年に、ソビエト連邦（現ウクライナ）でチェルノブイリ原発事故、そして、2011年3月11日の福島第一原発事故です。そのたびに、マスコミで放射線の恐ろしさが大々的に取り上げられてきました。

これらの経験をとおして、私たちは、「放射能は怖い」という印象を抱くに至ったのです。人類が原子力をエネルギーとして使用するようになってまだ60年ほどの歴史しか経っていません。

福島の第一原子力発電所にしても、1971年に建造された古いタイプのものです。あまり研究されないうちに被害を出したため、よけいに人々は不安になって、「放射線は怖い」と過剰に恐れるようになったのです。

新しい研究結果が発表され、正しく知れば放射能はそれほど怖いものではないとわかっても、一度植え付けられてしまった恐怖はなかなか取り除けるものではありません。

「猛毒」プルトニウムはとても安全な物質

放射線とは怖いものであるという間違った古い研究成果、原爆によるカタストロフィのイメージによって、世界中で放射線を生み出す原子力発電所を忌み嫌う風潮がすっかりできあがってしまいました。

確かにこれまでに、世界各地で度重なる原子力発電所の事故が起こり、放射線漏れ騒ぎが発生しました。これは事実です。

しかし、それらのほとんどが設計のミスや人為的なミスによって引き起こされているのです。日進月歩で技術が進歩しているいま、そのような設計ミスはまず考えられないといっていいでしょう。さらには、ヒューマンエラーを防ぐような設計開発を行なえば、原発の事故は限りなくゼロに近くなっていきます。

また、原子力発電所の事故がすぐさま被曝による死に直結するかのような報道がなされていますが、放射線による直接の死者が出たのは、59人の死者を出したチェルノブイリ原発事故以外には極めて少ないのです。

その59人の死者のうち50人ですら、事故発生直後の原子炉に無防備な状態で消火活動や壊れた原子炉の後始末に当たらされ、急性放射線障害になったことが原因といわれているのです。

もし仮に、日本で同じような爆発事故が起きたとしても、漏れる放射線自体はそれほどたいしたものではありません。

ここのところ、プルトニウムは「人類が遭遇した最悪の猛毒」であるという話を耳にしますが、これは真っ赤な嘘です。プルトニウムから放出されるアルファ線、ベータ線、ガンマ線などもウランから出る放射線とほぼ同じものです。

耳かき1杯の量のプルトニウムで100万人ががんになる、角砂糖5個分で日本が絶滅するなどという風説は、1972年にタンプリンとコプランというアメリカの異常な学者が発表したホットパーティクル仮説にもとづいているのですが、その後のいろいろな報告書や論文、動物実験などによって、二人の説を正しいとする事実は認められないことが証明されています。その後、本人や仲間の科学者たちでさえ説の支持をやめました。

では、プルトニウムはどの程度の毒性を持っているのでしょうか？

毒性という場合、化学的毒性と放射性毒性の二つに分けられます。

化学的毒性でいえば、そもそもプルトニウムはほとんど化学反応を起こさないため、消化吸収されず、たとえ飲み込んだとしても人体に何の影響もありません。血液に入ったとしても大丈夫なのです。

では、放射性毒性はどうでしょうか。吸い込んでしまって肺に溜まると肺がんのリスクが高まるといわれていますが、どうやらそういう事実もないようなのです。

１９４４年から１９４５年にかけて、原爆を製造するマンハッタン計画に従事した人たちが、プルトニウムの化学分離の作業中に、硝酸プルトニウムの蒸気を吸入し、26人が許容量を超えて吸入被曝するという事故が起きました。

この集団の追跡調査を続けられ、42年目の結果では、それまでに7人が死亡したうち、2例の肺がんと1例の骨肉腫が報告されましたが、7名の死亡者は特にプルトニウム沈着量が多いというわけではなく、生存者の中にはプルトニウム沈着量が死亡者より多い人たちもいたのです。

結論として、この事故でのプルトニウム沈着量の代償と死亡との間には関係性はないとされています。このような事実がわかっていながら、一部の人々はなぜプルトニウムを猛毒と言いたいのでしょうか。

よく放射性物質の恐ろしさを半減期が長いことをもって指摘する声があります。

たとえば、ウラン２３８の半減期は45億年ですが、「45億年もの長い間ずっと毒を放出し続けるのか」と恐れるのは間違っています。

半減期が長いということは、それだけ物質として安定しており、穏やかな放射線を出している証なのです。反対に、半減期が短いということは、それだけ物質として不安定であり、強烈な放射線を放出していることを意味します。プルトニウムの半減期は2万4000年ですから、放出する放射線は非常に穏やかなものなのです。

福島の原発事故以降、検出されたプルトニウムの濃度など、まったく話題にするレベルではありません。そもそもプルトニウムが原因で死亡したという話は科学的にも例がありません。

プルトニウムの問題は今回に始まったことではなく、1950年代から1960年代にかけて、アメリカやソ連の核実験、1960年代から1980年代には中国の核実験によって、数トン分ものプルトニウムが世界中にまき散らされ、福島の事故の汚染濃度などをはるかに上回っています。それでも、私たちは何事もなく生活できているのです。

原子力エネルギーの発展を阻む勢力とは？

ここまでくると、もう放射線や原子力を怖いものだと思わせたい勢力がいることを疑いたくなります。実際に、原子力発電が広まることで損をする人たちは存在します。いろんな背景が電力の影には潜んでいるのです。

２００６年にアメリカで公開された映画『誰が電気自動車を殺したか』をご覧になった方も少なくないかと思います。

１９９６年、ゼネラル・モーターズ（ＧＭ）が、革新的な電気自動車（ＥＶ１）を発売したところ、その普及を阻む団体から圧力を受け、結果、車の回収を余儀なくされ、ＥＶ１は姿を消していったのです。

その当時、カリフォルニア州は深刻な大気汚染に見舞われ、州当局は州内で走る新車の10％を「無排ガス車」とするよう義務づけました。そのため、電気自動車への期待が高まったのです。

ＥＶ１はハリウッドスターをはじめ熱狂的な支持を集めましたが、自動車業界や石油会社から攻撃にあい、州当局までも態度を変えたりしました。

電気自動車の普及に反対した消費者団体の背後には石油業界がいたといいます。また、自動車業界は電気自動車の利益率の低さゆえに難色を示していました。石油業界と自動車業界はもちろん石油でつながっています。

そして、時の大統領のジョージ・Ｗ・ブッシュは石油利権と密接に結びついており、カリフォルニア州当局に圧力をかけたのは言うまでもありません。

2009年、オバマ政権が誕生してからは、「脱石油依存」を旗印に、電気自動車の普及が勧められました。経済危機で大きなダメージを受けたアメリカの三つの大手自動車会社、ビッグ3は、皮肉なことに電気自動車の開発に再起を賭けているといいます。

このように、たとえ、すばらしい技術が開発されたとしても、国の政策や経済的な事情などの理由により、その技術が日の目を見ずに葬り去られることはあるのです。

新しい技術が誕生することで、それまでの古い仕組みが一掃され、その内部で循環していた人や物、お金が致命的な打撃をこうむるということがあります。

電気自動車がガソリン燃料車を一掃することで、石油に依存していた人々が大損害を受けるのです。同様に、原子力エネルギーが普及すれば、石油業界はそれ以上の被害を受けることになるので、必死の抵抗にあうのは目に見えているといえます。

これまでにも紹介してきました、1979年3月28日に起きたアメリカのスリーマイル島での原発事故は、冷却水不足のために炉心が溶融に至ったものですが、この事故は不可解としか言いようのない機器の故障と人為ミスが重なった結果、引き起こされています。

2次冷却水系の主給水ポンプが故障によって停止したことから始まり、本来原子炉に冷却水を入れなければならないのに、ランプの表示が不適切であったことと炉心の水位を外から見られない構造のため、運転員はそれと気付かず、緊急冷却装置を停止してしまいました。そのため、原子炉容器の圧力が上昇、圧力を逃がすために開いた加圧器逃がし弁が開きっ放しになり、原子炉の冷却水が漏れ続けて、原子炉の空焚き、燃料の溶融・崩壊に至りました。

これは原子力発電にかかわる者としてはちょっと考えられないようなミスです。後備の給水バルブを閉めた上に、閉めたときには中央制御室に赤札を下げなくてはいけないのに、その赤札を故意に隠した者がいたようです。これは言ってみれば、テロ行為に等しいものでしょう。

スリーマイル島原発事故が起きるわずか12日前、アメリカでは『チャイナ・シンドローム』という映画が公開されました。

この映画は、原発事故における原子炉溶融（メルトダウン）を扱ったもので、当時、原子力技術者の間で流行っていた「チャイナ・シンドローム」というブラックジョークがネタになっています。

それは、核燃料がメルトダウンした結果、原子炉の外に漏れ出す（メルトスルー）することで、融けた燃料が重力に引かれて地面を溶かしながら貫いていき、地球の反対側の中国まで溶けていってしまうのではないか、というものです。

この映画の公開されたわずか12日後にスリーマイル島の事故が起きたことから、映画を観て原子力発電所に反対する人たちが事故を起こしたのであろうと、当時、専門家の間では密かに言われていたのです。

実は、チェルノブイリでもテロの噂はありました。

資料によれば、チェルノブイリ原発の場合、緊急停止信号が発せられても、停止するまでに17秒もかかったということでした。たとえば、日本の軽水炉では、この値は2秒ほどです。緊急停止に17秒もかかる設計が異常なのです。

ところが、私の知人のユダヤ系の原子力関係者がこんな情報を話してくれました。

「チェルノブイリでは緊急停止装置が働かないようにしてあったんだ」

緊急停止が作動すると、電源が切れて、磁力で支えていた制御棒が重力で落下し、炉心に向けて落ちていく仕組みになっています。しかし、チェルノブイリ原発では、制御棒が落ちていなかったというのです。

それが本当だとすれば、何者かが意図的に制御棒が落ちないよう細工をしたということです。事故が起きた1986年は、アメリカとソ連は冷戦の真っただ中にあり、両国とも大量の核ミサイルを抱え込んでいました。チェルノブイリ原発事故後、ソ連は崩壊したのです。そんな時代背景を考えると、テロなど絶対になかったとは言い切れないような気がしてきます。

原子力発電に反対する集団は石油利権で儲けている人々が多いようです。原子力エネルギーによりわれわれの電力がすべて賄えるようになれば、石油の価値は大幅に下がってしまうでしょう。

アメリカがイラク戦争に踏み切った強力な動機のひとつも石油利権にありました。それほどまで、世界の支配者層にとって石油利権の存在とは大きなものなのです。

また、フランスの環境学者ブルーノ・コンビは、環境保護団体であり反原発派のグリーンピースの活動資金が最大の原油国であるサウジアラビアから出ていることを明かしています。

地球の人口の大半を占める被支配者層の目には見えない壮大なからくりが世界には張り巡らされているのです。

第5章

放射線ホルミシスとは

～福島の健康被害など絶対にありえない理由～

放射線ホルミシス効果とは何か？

これまで低線量の放射線がいかに安全であるか、いろいろ語ってきましたが、かく言う私も昔は「放射線とは怖い」ものだと思い込んでいました。

東工大の大学院でも、留学先のアメリカでも、放射線を浴びれば、染色体は破壊され、遺伝子が狂ってしまうと教え込まれていたからです。

しかし、ある日、その考えを一変する出来事が起こりました。

１９８４年、電力中央研究所にいたころのことです。一人の若い研究員が私のところへやってきてこう言うのです。

「服部部長、東京大学の図書館で面白い論文を見つけました」

その論文とは、１９８２年に、ミズーリ大学の生命科学専門家であるトーマス・Ｄ・ラッキー博士が書いたもので、「微量の放射線は生命にとって有益である」という内容でした。ラッキー博士はその効果を「放射線ホルミシス効果」と名付けていました。

ホルミシス効果とは、「少量であれば有益であるが、多量であれば有害になる」というものです。このような効果は、約40種類の必須栄養素、すべての薬品、その他大多数の物質において生じることが知られています。たとえば、料理に使う塩も、人体に欠かせないものですが、一度に大量に摂取すれば、きわめて有害なものとなるでしょう。

ラッキー博士は放射線にもホルミシス効果が見られることを発見したのです。高線量の放射線が身体に有害であることは当然ですが、線量がある値以下になると、かえって人体に好影響を及ぼすということです。

いや、そればかりか、放射線は生命、人間にとって不可欠のものであり、私たちはむしろ放射線不足の状態にあるとのことです。この事実は２０００を超える論文によって裏付けられていました。

世界各地における自然放射線の平均値は、年間2・4ミリシーベルトですが、真の健康のためにはこれでは不十分であり、適量な放射線を受ければ、がんを抑制することができるという実験結果もあります。

ラッキー博士の論文で触れられていた人体への効用としては、「免疫機能の向上」、「身体の活性化」、「病気の治癒」、「強い身体をつくる」、「身体の若返り」などがありました。もちろん、当時の定説を覆すような内容のものばかりです。

ラッキー博士は、１９８０年、『ラディエイション・ホルミシス』という本を出していて、低線量の放射線に当たれば健康になるという内容でした。とんでもない本だということで、一般にはほとんど無視されていました。

その2年後、放射線が身体にどのような影響をもたらすか調べている学会が発行している『ヘルス・フィジックス』という学会誌に投稿したのですが、世界中が放射線は有害であるという常識ができあがっている状況において、専門家の間でも言語道断であるということで、その論文は黙殺されてしまいました。『ヘルス・フィジックス』は世界的に有名な、極めて権威のある学術誌です。

ラッキー博士の主張を次にまとめてみましょう。

●低線量放射線の健康増進
1・最小の細菌感染（免疫系の適切な強化）
2・がんが少なくなる
3・平均寿命の大幅な伸び

●核施設労働者におけるがん死亡率の減少
特に厳しい条件の核施設で800万人の年100ミリシーベルト程度の被曝量の人たちに対して、一般平均人サンプル700万人との比較をした結果、被曝した労働者のがん死亡率は一般平均より低く、平均して52％。被曝量が多くなるにしたがって死亡率が低下する傾向があり、１００ミリシーベルト付近になると一般平均の20％以下と大きく低下する。このレベルまでは放射線被曝が多いほうが健康によい。１００ミリシーベルト程度の被曝が最善になっている。

●放射線は生命にとって必須の物質

私たちは放射線が部分的に不足している状態に生きている。

●健康増進のためにはもっと多量の放射線が必要である

そのためには自然界に存在する線量の30倍以上、年間60ミリシーベルト以上の放射線を安全に提供することが必要である。

どれもこれまでの常識を覆す、驚くものばかりです。

ラッキー博士の論文を読んだときに受けた衝撃は忘れられません。最初に感じたのは「怒り」でした。

私はこれまで20年以上にわたり、放射線の基準や法令を専門家や官庁のお役人と協力して放射線の危険を訴える資料を作成してきたのです。いまごろになって少し放射線を受けたほうが元気になるなんて言われたらたまったものではありません。私が原子力に捧げてきた人生は無駄だったのかと愕然とする思いでした。

トーマス・D・ラッキー博士は、多方面にわたる研究・開発を行なってきた著名な科学者で、アポロ11号からそのあと17ミッションの栄養コンサルタントを務め、宇宙飛行士が2週間の間、地上の300倍ものレベルの宇宙放射線を浴びることは、人体にどのようなダメージを与えるかを10年間にわたって調査してきた人物でした。ホルミシス効果の論文はその結果生み出されたのです。

国際放射線防護委員会（ICRP）の思惑

「もし、放射線ホルミシス効果が存在するとすれば、われわれの日常的な放射線管理の活動は大変な間違いであったということになる」

私はこの論文を読んですぐアメリカ留学時代の友人で、アメリカ電力研究所の理事長になっていたフロイド・カラー氏に手紙を出して、ラッキー博士の論文が正しいのか否か責任ある回答をしてもらうようお願いしました。

ここで重要なことは、私のアメリカ留学は普通の研究ではなく、アメリカのトップレベルのオークリッジ国立原子力研究所の「原子力災害評価専門家養成課程」で、特に国際放射線防護委員会（ＩＣＲＰ）が全世界に対して放射線は少しでも有害で、安全なレベルなどないと国際勧告がなされた翌年からの研修過程だったということです。そんな時期に原子力を学びにきていた私は、ＩＣＲＰの考えにすっかり染められていたのです。おそらくカラー氏も同様でしょう。

理事長のカラー氏は親切にも、わざわざカリフォルニアからワシントンＤＣのエネルギー省まで赴いてくれて、私の手紙を見せて、この日本人の質問にアメリカは誠意ある返事をしなければいけないと訴えてくれました。

すると、エネルギー省は予算をつけて、カリフォルニア大学のバークレー校というアメリカでは一番大きな医学部を持った、世界ナンバーワンのチームに、トーマス・Ｄ・ラッキー博士の論文が本物であるかどうか、そのレビューを依頼してくれたのです。

カリフォルニア大学は20人余りの専門医学者を集めて検討させました。そのうち、世界中に電話で広まり、１５０人の研究者が集まって、なんと国際会議にまで発展してしまったのです。

翌年の1985年8月に、オークランドで国際専門家会議が開催されました。

このオークランド会議の事務局長を務めたのが、アメリカ電力研究所の放射線関係専門家レオナード・セイガン氏で、セイガン氏はアメリカのエネルギー省や環境省によく知られた専門家です。参加した科学者たちのほとんどが、ラッキー博士が本物の科学者であり、その論文が科学的に間違いではないことを訴えました。

議論は3日間に及びました。

その翌月、私は、会議の座長をしたセイガン氏から、アメリカ電力研究所のあるカリフォルニアのパロアルトに呼ばれました。そこで「トーマス・D・ラッキーのデータは200以上の参考文献を載せているけれども、すべて小さな昆虫などで、大きな動物に関するデータがとぼしい。だから、動物実験がもっと必要だ。やるなら日本で実施するのが適切だ」というオークランド会議の結論を詳しく告げられたのでした。

このセイガン氏の提言によって、日本でホルミシスの研究が始まることになります。このことはとても重要です。この提言がなければ日本が独自にホルミシスの実験を始めることは難しかったからです。では、なぜセイガン氏は日本での実験を勧めたのか。

セイガン氏はICRPの考えにすっかり染まっている人物で、ICRPの会議でも重要な役割を果たす存在でした。それは放射線による健康被害は放射線の量に比例するというマラーの直線仮設（ＬＮＴ仮説）を信奉していたということです。ラッキー博士の放射線ホルミシスなどまったく信用していなかったのです。

しかし上司であるフロイド・カラー氏は原子力で世界を救うという壮大な夢を抱いている人物であり、放射線ホルミシスにはとても強い関心と希望をもっていました。そんな自分とまったく異なる意見をもつカラー氏からオークランド会議を任されたのです。

ＩＣＲＰ派のセイガン氏はラッキー博士は本物だとする参加者の発言は基本的に誤りであると思っており、この会議のきっかけを作った私に対しては、本物の科学者と思っていなかったのでしょう。

オークランド会議の討論を受け、セイガン氏が日本に対して動物実験を強く勧めたのは、どうせ放射線ホルミシスを実証できるような実験結果は得られないだろうと踏んでいたからです。ＩＣＲＰの正しさを証明するために日本での実験を勧めたのです。それほど彼はＩＣＲＰの古い考え方にとらわれていたのです。

セイガン氏の提言にもかかわらず、日本では、この実証実験は重大な意味をもつということで政府や関係筋から慎重に事を運ぶべきだとの意見が入り、すんなりとは進みませんでした（そこにはホルミシス効果を証明する実験結果が出ることを恐れたＩＣＲＰによる圧力もあったのです）。

その間、セイガン氏からは何度も私に実験を早く始めるように連絡がありました。彼はすぐれた科学者として、ＩＣＲＰが有利となる実験結果を信じていたのです。

しかし、3年後、日本でマウスを使った動物実験が始まると、セイガン氏の予想を裏切り、放射線ホルミシスの効果を証明する様々な実験データが出てきました。

この結果を受け、セイガン氏はかなりのショックを受けたのではないでしょうか。それほど真面目に彼はＩＣＲＰを信じていたのです。

そしてのちに彼は自殺をすることになります……。このことを知ったとき、なんとも表現しがたい複雑な思いにとらわれました。自分が起こした大騒ぎがセイガン氏の人生を左右してしまったかもしれない。そう思うといまでも胸が苦しくなります。しかし、この死はとても重要な意味を持っているのです。

セイガン氏の死はＩＣＲＰの死です。ＩＣＲＰの主張に意味がないということは、代弁者となっていたセイガン氏の死が証明しています。にもかかわらず、いまだに日本はＩＣＲＰの古い考えに縛られたままになっているのです。

驚くべき放射能ホルミシスの効用

これまで正しいと思っていたことが間違っていたかもしれない――。

科学の世界ではしばしば起こることです。10年前の常識がある日ころっと変わって、いまでは非常識になるということはしょっちゅうです。一般の方々は科学というものを少し過大評価しているかもしれません。

放射線は少量でも危険であるという認識が広まったきっかけは、前述したように、ノーベル賞を受賞したマラー博士のショウジョウバエにエックス線を照射して突然変異や死亡を生み出した実験に拠ります。

「放射線を照射した量と発生する異常の数は正比例する」

これは、「LNT仮説（Linear No Threshold）」（しきい値なし直線仮説）と呼ばれるものです。放射線を浴びれば浴びるほど、人体にとって有害になりますが、たとえ少量でも害になりうるとする説です。この説によれば、放射線は絶対悪であり、どんなに少なくとも悪い影響が消えることはありません。

現在の国際放射線防護委員会（ICRP）の勧告は、このマラーの仮説にもとづいて出されています。何といってもノーベル生理学・医学賞受賞者のマラー博士の仮説ですから、権威に裏打ちされたものであり、謹んで従うべきであるとの認識があるのでしょう。

あまり知られていないかもしれませんが、このICRPは国連の機関などではなく、イギリスで生まれた民間の非営利団体（NPO）です。専門家の立場から放射線防護に関する勧告を行なっているだけです。

前にも述べましたが、マラーのこの仮説は事実にもとづいていません。マラーの実験自体は間違っていなかったのですが、マラーがたまたま取り上げたショウジョウバエの精子の細胞は、活動期になるとDNAの修復活動を行なわなくなるという極めて特殊なものだったのです。

そんな特殊な細胞を使って行なって得た実験データが、現在なおICRPの放射線の危険数値の基準になっているのです。つまり、問題のある実験で得られたデータを基にしているのだから、ICRPの勧告には信憑性がないということになります。

たとえば、2007年のICRPの勧告によると、1年間の被曝限度となる放射線量を、公衆平常時1ミリシーベルト、緊急時20～100ミリシーベルト、緊急事故復旧時1～20ミリシーベルトとしています。ですが、国際基準とはいえ、LNT仮説によって導かれたものであり、他にこれといった根拠があるわけではないのです。

200ミリシーベルト以下ではがん発生増加はまったく見られないことは、広島と長崎の原爆被害者の調査からも明らかです。

放射線は「悪」であるとする認識は、非科学的な迷信です。ある量以上の放射線を浴びると、破壊作用が勝り、細胞は傷つきます。しかし、逆に、ある量以下であれば、放射線のDNA修復促進作用が勝り、身体は健康になるのです。まさに驚天動地の衝撃でした。

健康のためにあえて放射線を取り入れる風習も昔から見られます。たとえば、ラドン温泉やラジウム温泉も放射線が出ている温泉です。いわば、放射能温泉なのですが、そういった温泉は昔から健康によいとされています。

秋田県の玉川温泉は古くから万病を治すといわれていて、学者によって臨床研究がされていますし、鳥取県の三朝温泉は日本一のラジウム含有量といわれていますが、この地域のがん死亡率は全国平均の半分以下ということです。

三朝温泉の近くに池田鉱泉といわれるのがあり、ここは他のラドン温泉の放射線の10倍くらいあるのですが、ここでウサギを使った実験をしたことがあります。ラドン水を沸騰させて1時間以上吸入させて、普通の水による吸入との比較をしたところ、細胞の膜の透過性や各種ホルモンの血液中濃度が飛躍的に上がっていました。言い伝えだけでなく、科学的にも効能が証明されたわけです。

住民の追跡調査の結果もあります。三朝温泉区域内の住民のがん死亡率は、全国平均の半分以下とはっきりした差が出ています。胃がん、肺がんは3割以下、大腸がんとなると2割以下です。

これらの温泉は通常の200倍以上の放射線量といわれています。ちなみに、新潟県の村杉温泉のラドン濃度は2766ベクレルです。東京で水道水に放射線が出たといってみんなが大騒ぎした数値が210ベクレルで、事故当時の福島の飯館村でも965ベクレルです。昔から健康によいと言って湯治に訪れるような温泉のお湯にはこんなにもたくさんの放射能が入っているのです。

オーストリアの保養地バドガシュタインでは、鉱山の跡地でラドン療法が行なえる施設があり、世界中から人が集まってきています。地元の大学がその効能を研究していて、オーストリアやドイツでは健康保険が適用されているほどです。

このように、低線量放射線の生物学的効用として、平均寿命の伸長が含まれることを裏付ける動物実験での証拠はふんだんにあります。

食べ物や呼吸によって入ってくる目に見えない放射線というのは恐ろし気に感じられるものです。身体の中に蓄積されていくと言われればそんな気もしてきます。

しかし、通常のものは蓄積されることなく体外へ排泄され、細胞の新陳代謝によっても排出されます。

しかし、一部残留が問題になるものがあります。まずひとつはヨウ素で、甲状腺という特殊な部分に集積する性質を持っています。

チェルノブイリで子供が受けた最大の被害がヨウ素でした。

福島の事故で飛散する放射性物質でもヨウ素は子供の甲状腺機能に問題を生じさせるとして問題視されました。ヨウ素は甲状腺に取り込まれることでがんの原因となるのです。

ただし、日本の場合、普段から昆布やわかめなどの海産物を食する機会が多く、すでにヨウ素が蓄積されているため、今回の事故で放射性ヨウ素を呼吸しても、あまり増加しなかったと考えられます。そもそもヨウ素の放射線量自体が低い上に、ヨウ素の放射能半減期は8日と短いのですぐに消滅してしまうからです。

もうひとつはストロンチウム90です。これはカルシウムと類似の化学特性があり、骨格に取り込まれていきます。半減期は15年と長く、骨髄のベータ線被曝が長期間継続することになり、すると白血病の発生リスクが高まる恐れがあります。

福島原発からも検出されましたが、やはり量的に問題のないレベルであり、揮発性がないのでセシウムのように拡散しないため、恐れることはありません。

実は、中国は過去にウイグル地区で延べ46回にも及ぶ核実験を行なっており、総爆発出力20メガトンの核爆発が発生しました。19万人の死者をウイグルで出しているといいます。その際に放射能汚染された黄砂にはストロンチウムなどの放射線が付加し、それらが偏西風に乗って日本に流れてきていたのです。

これによる放射性ストロンチウム90が日本人の骨格にも蓄積されており、これは福島原発事故の比ではないともいわれています。こういうことをマスコミは発表しませんが、もちろんこれも情報操作が行なわれた結果なのです。

放射線は不老長寿の源か!?

ラッキー博士の論文を見つけた1984年当時の日本で、「放射線が身体にいい」などといえば、「気でも狂ったのか」と、そこで学者としてのキャリアが終わってしまうような状況でした。しかし、1986年のオークランド会議の結果として、アメリカのお墨付きが出たということで、電力中央研究所の理事会や国の各方面に働きかけ、1988年に、岡山大学がフライングスタートとして、マウス実験で興味深いデータを出しました。これを検討するために1989年には日本のトップレベルの医学者を集めた研究会がはじまりました。

1989年には、「放射線ホルミシス研究委員会」が電力中央研究所内部で発足しました。メンバーには、岡田重文東京大学教授（日本放射線審議会会長）、菅原務京都大学医学部長、近藤宗平大阪大学名誉教授など錚々たる人たちが集まりました。

発起人ということで私は委員長にしていただき、日本国内の10以上の大学、14の組織で放射線ホルミシス研究が進み、その後10年あまりで世界中を驚かすすばらしい実験結果がいくつも生み出されたのです。

研究者はみんな英語の論文を書いて国際的な学術誌に投稿するので、世界的に騒ぎが起こりました。

たとえば、細胞の若返りに関する研究は大変興味深いものでした。マウスに100ミリシーベルトから500ミリシーベルトの範囲でエックス線を数分間当てる実験をしてみたところ、SOD（スーパーオキサイドディスムターゼ）とGPX（グルタチオンペルオキシターゼ）という二つの老化防止のための酵素が飛躍的に増えていました。

一番世界を驚かせたのが、細胞膜と核膜の透過率の実験です。

通常は、加齢とともに細胞膜が老化して、細胞膜の透過性は悪くなっていくのですが、エックス線を照射することにより、65週齢（マウスの寿命はだいたい100週齢＝約2年。人間も100年を寿命とすると年と週を置き換えればいいので、人間でいうところの65歳）のマウスの細胞膜や核膜の透過率がなんと7週齢、つまり、7歳の子供の透過率になったのです。若返り効果です。

しかも、この効果はたった1回の数分間の250ミリシーベルトの照射で2か月間も持続しました。

もう一つ有名になったのが、p53という遺伝子です。

誰もが持っているがん抑制遺伝子ですが、異常な細胞が発生すると、このp53遺伝子がその異常細胞を見つけて、自死するよう命令を出すのです。

その命令を受けた細胞は自殺して、まわりの元気な細胞の餌になるのです。これはアポトーシス（細胞死）と呼ばれ、異常細胞を排除する体の防衛機構のひとつです。

マウスやラットに放射線を当ててみると、250ミリシーベルトあたりですばらしい効果が出て、体中にあるその関係遺伝子が数倍に活性化しました。

他にも、各種ホルモンの増加、過酸化脂質の減少、コレステロールの減少、DNA修復活動の活性化、免疫系の活性化などの効果が得られることがわかりました。

これらは動物実験ですが、医療の現場でも放射線を活用した人もいました。

東北大学の坂本澄彦先生は、悪性リンパ腫の患者さん100人以上に、100ミリシーベルトのエックス線の全身照射を週3回で5週間続けました。

合計1500ミリシーベルト、つまり、1.5シーベルトです。福島の年間20ミリシーベルトを大きく超える放射線量ですが、その結果は、放射線を当てない治療をした人の生存率が50％だったのに対し、放射線を当てた人の生存率は84％だったのです。

これはいまから30年前のことですが、最近の2006年のアメリカで、フィラデルフィアのクヌッツォン博士が、がんの進行の抑制にどのような線量率が効果的かを論文にしています。

前立腺がんや白血病の誘発細胞に自然放射線の10万倍、100万倍と当てていったところ、1000万倍にあたる1シーベルト／時を当てると、がん細胞の増殖を抑える効果がもっとも強いということがわかったといいます。

このように、放射線は健康の増進、いえ、不老長寿の源ともいえるものだったのです。

世界中の科学者が放射線ホルミシスに注目！

DNAには修復能力があり、放射線などで破壊されたDNAの修復を行なっていること、低線量放射線によって、活性酸素抑制酵素SOD、GPXなどの活性化、細胞膜や核膜透過性の飛躍、がん抑制遺伝子p53（狂ったDNA＝がんになってしまった遺伝子に自殺命令を出す）の活性化、各種ホルモンの増加などが生ずる……。

これらの研究結果を研究者たちが英語の論文にして発表したところ世界中が驚いて、これまでの放射線に対する考えの見直しが始まりました。

特にエキサイトしたのはアメリカでした。

1994年、原子力学会会長のアラン・ワルター氏から連絡があり、アメリカに来て総合報告をしてほしいと依頼がありました。ワシントンDCで800人もの医学者の前で報告することになったのです。相手は医学の専門家ですから、質問攻めにあったらどうしようかと思いましたが、結果は想像以上の大盛況でした。

「こんなに面白い話は生まれて初めて聞いた」

「細胞膜の透過性が若者並みによくなり、65歳が7歳になるなんて、これほど楽しい話はない」

みなさんからお褒めの言葉をたくさんいただきました。

話はそれだけでは終わりません。ＤＮＡに関する学問である核医学の大御所、マイロン・ポリコーブ博士が、私にその話をサンフランシスコでもしてくれと言ってきたのです。

翌年の秋にサンフランシスコで行なった私の講演を聞いたポリコーブ博士は、その日の夜、特別講演で重大な決意を発表しました。博士はもう70歳を過ぎていたので、カリフォルニア大学を辞め、ワシントンに移住し、アメリカの原子力規制委員会（ＮＲＣ）に就職して重大なことを政治家に伝える決心をしたと言うのです。そして、まずＮＲＣで原子力の専門家たちにこの話を伝えなければいけないと考えたのだそうです。

さらには、放射線分子生物学の開祖といわれるルードヴィッヒ・ファイネンデーゲン博士がドイツのユーリッヒの研究所で所長をしているから、彼も呼んで二人でワシントンで論文をまとめて、世界に訴える必要があるとおっしゃいました。

「あなたのホルミシス効果がきっかけで自分はじっとしていられなくなったんだよ」

世界的な権威に影響を与える研究成果となったのです。

マイロンがＮＲＣ（原子力規制委員会）、ルードヴィッヒがＤＯＥ（エネルギー省）のそれぞれ顧問になり、ワシントンで書いた論文が前述した『ＤＮＡの修復活動』でした。Ｄ

NAがどのように修復され続け、自然放射線がどれくらいの影響を及ぼし、そして、自然放射線と活性酸素を比べるとどうなるか、についてまとめたものです。

活性酸素の人間の細胞への攻撃がいかにすさまじいものか(自然放射線の1000万倍)。その活性酸素に対してSODその他の酵素が戦うわけですが、それだけでは対応しきれずに、DNAは活性酸素によって損傷破壊されていきます。しかし、DNAには細胞を修復する作用があり、1日に一つの細胞あたり、100万件もの修復活動がなされています。そのようにして私たちは生命活動を維持しているわけです。

私たち人間を含むほとんどの地球上の生物は酸素がなければ生きていけませんが、酸素を利用して生命を維持する代償として、活性酸素の攻撃を受けることとなりました。そんな活性酸素に比べれば、自然放射線の人体に及ぼす悪影響など1000万分の1ほどにすぎないのです。それなのに、放射線をこれほど恐れるのはおかしなことです。

「いまさら低線量放射線は有害ではない」とは言えない!?

マイロン・ポリコーブ博士の尽力もあって、1997年の秋、WHOとIAEAの共催で、スペインのセビリアにおいて、放射線の身体影響に関する国際会議を開催することに

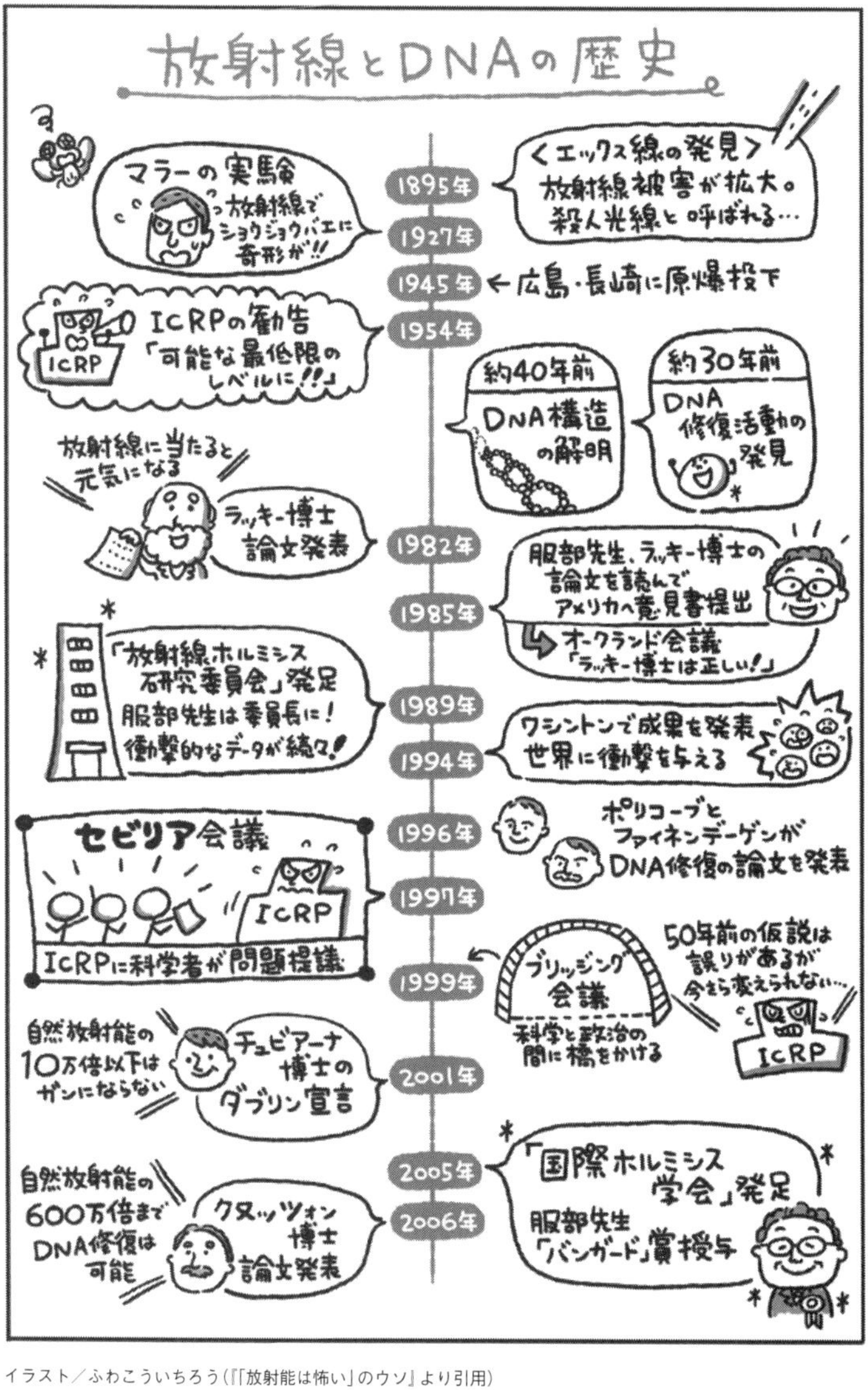

イラスト／ふわこういちろう（『「放射能は怖い」のウソ』より引用）

なりました。ＩＣＲＰの委員長以下、専門家が６００人以上集まりました。

最新の知見を身につけた科学者たちはＩＣＲＰに訴えました。

「ＤＮＡは日々修復するのだから、年間の放射線量で危険な数値を出しても意味がない。１時間あたりにどれだけの放射線に耐えられるかという『線量率』の上限の研究をしなければいけない」

そもそも、日々、細胞は修復されていくわけなので、１年間に何ミリシーベルト浴びたから危ないという考え方自体が完全に間違っているのです。

たとえば、昨年、どれだけ塩分を摂取したからとか、数年前にどれだけ塩を取り入れたからとか、そんなことを言って意味があるでしょうか。

とはいえ、ＩＣＲＰとしても、放射線に関する国際勧告をしてから50年も経っているわけです。それで法令もできているし、教科書もできているし、産業界もできあがっている。いまさらそれらがすべて間違いだったとは言えないというのです。

日本政府はＩＣＲＰを批准しているため、ＩＣＲＰの間違った考え方にもとづいて、基準値を決めたり、避難エリアを決めたり、農作物や畜産物が廃棄されたりしているのです。

退避のために失業したり、病気になったり、挙句の果てには生活苦が生じて自殺してしまったり、科学的ではなく行政上の間違いのためにこんな事態に陥っているのです。

避難勧告は国の指示なのでどうしようもありません。しかし、個人でできることに関しては、少なくとも自分で科学的に判断して行動できるように、優れた放射線の知識を普及したいものです。

スペインでの国際会議の翌年、1998年に、アメリカのエネルギー省予算委員長のドメニティ上院議員がハーバード大学で、どうも放射線の国際勧告と科学者が言っていることは著しく違っているということで、政治と科学の架け橋をかけるために会議を開こうと提案しました。

1999年12月、ワシントン近くのワレントン航空会館でその会議（ブリッジング・ポリシー・アンド・サイエンス）が開かれましたが、放射線に関する世界勧告をしてから50年も経ち、いまごろになってその勧告が全部間違っていました、と誰が言えるのか、それで法令もできているし、教科書もできている、産業界はできている、いまさら撤回することはできない、この話はこれで終わりにしよう、ということになりました。

これが3日くらい続いた会議の内情です。参加された専門家たちはこれはどうしようもないと呆れていました。

それでも科学界はこの問題を放ってはおけず、いち早くスタートを切ったフランスの医科学アカデミーでは、線量率をいろいろ変えて、人の細胞、胎盤とか胎児など、若い細胞ほど放射線の感度がいいということで、細胞を攻撃してどこまで上げればもう修復できなくなるのか、ＥＵの科学者がみんなで協力して、細胞実験をして限界を探しました。

結果は、１時間に10ミリシーベルトまでならなんともないこと、見事に細胞は修復してしまうことがわかりました。これが２００１年にモーリス・チュビアーナ博士によって出されたダブリン宣言です。これには世界中の学者が衝撃を受けました。

先ほども述べましたが、２００６年にはさらにすごい論文が出ました。

アメリカの科学アカデミー報告書に載った、フィラデルフィアの研究者クヌッツォン博士の論文では、「ＤＮＡの戦いとはスポーツの訓練のようなもので、刺激を与えれば与えるほど強くなる」というのです。このとき発表されたＭＭＤＲ（ＤＮＡ異常発生最低線量領域）とは１ミリシーベルト～６００ミリシーベルトです。１時間に１ミリシーベルトから６００ミリシーベルの間がもっともＤＮＡの異常発生が少ないというのです。

そして２００９年にチュビアーナ博士とファイネンデーゲン博士の連名により決定的な論文が発表されました。世界最高レベルの学術誌『Radiology』（放射線医学）に掲載された「直線仮説は放射線生物学およびその実験データに合わない」と題する論文です。この論文の画期的なところは放射線の許容限界を見つけたところです。それはなんと１分間に

500ミリシーベルトだというのです。DNAとはこれほど強いものだったのです。

このようにDNAの修復能力に関する具体的な数字をあげつつ、「LNTモデルのように以前に考えられた概念を改めないのはあらゆる進歩を妨げる。古い概念が医学、経済、そして社会と人の生命に基本的な被害をもたらしている」としてLNT仮説（しきい値なし直線仮説）の弊害を訴えています。

※この論文は警告でもあると私は考えています。チュビアーナ博士とファイネンデーゲン博士のほかにロシアと中国の科学者もこの論文の発信者として名を連ねているからです。これはつまり、ICRPに批准していない中国やロシアはICRPの古い基準ではなく、最先端の科学的判断で新たな放射線基準を作り上げることになりえるということです。英米を主役とする自由世界（当然日本も含まれます）がICRPの古い基準に縛られて原子力の推進に歯止めがかけられているのを尻目に、中国やロシアは新しい基準をもとに原子力技術をどんどん進めていくことになるだろうということです。これは憂慮すべき問題でしょう。

われわれのDNAというのは環境条件によってはまだまだ恐るべき進化をしてのけるポ

テンシャルがあるのだと思います。

いまから10億年前の地球は活火山だらけで、いまよりずっと地上には放射線が満ちあふれていたはずです。その時代をくぐり抜けてきた私たちの祖先は、それ以降、活性酸素で修復の訓練を受け、進化を続けてきたので、ちょっとやそっとのことではへこたれない強さを持っているのです。

ラッキー博士から日本人へのメッセージ

2011年6月、アメリカで発行された『Journal of American Physicians and Surgeons』という医学雑誌に、ラッキー博士は「電離放射線の生物学的効果——日本に贈る一視点」という論文を寄稿しました。

その冒頭には、同年3月に起きた福島の大惨事に思いを寄せて、こんな一節があります。

「世界のメディアの大半が放射線はすべて有害であると思い込んでいる。もし、日本政府が2011年3月の地震と津波がもたらした福島原発事故への対応にあたって、こうした思い込みに支配されるなら、すでに苦境にあえぐ日本経済が途方もない無用な失費に打ちのめされることになるだろう」

90歳を過ぎても現役で活動されていたラッキー博士は、福島で起きた原発事故についても憂慮されていて、日本政府が放射線は少しでも怖いなどという古い考え方を改めないと、無用な出費や負担が増えるだけだと懸念していました。

ラッキー博士の最新の研究によれば、人間の健康にとってもっとも適切な放射線量は年間100ミリシーベルトで、よい効果と悪い効果を分ける境目の数値は年間1万ミリシーベルト（10シーベルト／年）だということです。

3・11以降、放射性物質の放出・拡散による健康被害を回避するという名目で、国から近隣住人に対して避難指示が出されました。

第1原発から20キロ圏内は、例外をのぞき立ち入りを禁止する「警戒区域」、20〜30キロ圏内は「緊急時避難準備区域」、20キロ圏外は「計画的避難区域」と決められ、いまなお10万人以上が県内外での避難生活を余儀なくされています。

その一方で、政府が汚染度合いを調査し、「この区域は年間20ミリシーベルト以下なので安全である」として、せっかく避難指示を解除したにもかかわらず、住民側が「年間20ミリシーベルトでは危ない」として、避難指示を取り消すよう集団訴訟を起こすというケースも発生しています。

日本では20ミリシーベルトでも健康上の被害が生じうるとされていますが、年間100

ミリシーベルトがもっとも健康によいレベルの線量レベルですので、まったく問題ではないことがわかると思います。

ちなみに、ラッキー博士は、身体によいからと、ウラン鉱山の石をベッドの下に敷き詰めて寝ていたそうです。

ところで、放射線の被曝には、慢性被曝と急性被曝があります。

慢性被曝とは、継続的に被曝して放射線被曝の記録が蓄積していくものです。年間100ミリシーベルトであれば、1日平均約11・4マイクロシーベルトを毎日被曝していく計算になります。

なぜここで「記録が」とあえていうかといえば、DNAは活性酸素で何万年とDNA修復の訓練をしてきていて、DNA修復の抜群のプロで毎分毎時修復し続けていて、「過去のことはまったく関係ないよ」といった元気者だからです。

急性被曝とは、一時に大量に被曝する場合です。核爆発による被曝などがその典型例になります。

年間1000ミリシーベルトまでは許容範囲であり、年間1万ミリシーベルト（10シーベルト）あたりから、健康への悪影響が考えられるようになる、ということです。

年間20ミリシーベルトでも怖がっている日本人には信じられないデータかもしれませんが、これを裏付ける事例が台湾の台北にあります。

１９８２年から１９８４年にかけて、とあるマンションの梁や壁に、放射性コバルトで汚染された鋼材が使用されていたことがわかりました。約20年間の間に、約1万人がこの高レベルの放射線に被曝しながら生活しました。平均被曝線量は年間50ミリシーベルトを超えていたようです。

では、このマンションの住民のがんによる死亡率はどうだったかというと、10万人年あたり3・5人に過ぎませんでした。世間一般平均では、10万人年あたり１００人余りの死亡率です。慢性的な低線量被曝はがんの死亡率を大幅に低下させたことになります。ラッキー博士が普通の１００倍くらいが一番よいと主張していることを少しだけ実演していたのでした。

急性被曝については、広島と長崎の原爆の被害者に関するデータがあります。

広島の放射線影響研究所（ＲＥＲＦ）は、爆心地から3～10キロ離れていた市内対象群と市外対象群のがん死亡率を比較して、市外対象群のほうが死亡率が高いことをグラフで明らかにしています。しかし、ＲＥＲＦはそのことに決して触れようとしません。

このように、慢性被曝、急性被曝ともにホルミシス効果があるのです。

たとえば、ラッキー博士は、「原爆の健康への効用」という論文の中で、あるレベル以下の被曝者は被曝犠牲者というイメージとは裏腹に、むしろ健康な生活を送っていると言及しています。広島と長崎ともに、100から150ミリシーベルト以下の被曝者は、白血病、その他のがんの死亡率などにおいて一般平均よりも低くなっているというのです。

そういった事実を知ることは被曝者に対する差別をなくすことにもなり、多くの被曝者やその子供たちを安心させることになるだろうといいます。これらは、大量の追跡データや多くの科学者が行なっているもので、多くの研究論文を引用しながら事実を明らかにしています。

現在、福島の被災地はといえば、20キロ圏の放射線はほとんどが1マイクロシーベルト／時であり、高いといわれる場所でも10マイクロシーベルト／時くらいです。

宇宙飛行士は宇宙空間で毎時45マイクロシーベルトの放射能を浴びるといわれ、それでも元気になって帰還しているくらいですから、まったく問題のない放射線レベルであるといっていいでしょう。

今後、福島の事故による放射線の影響でがん患者が増えて、たくさんの人が死ぬかもしれないと言ってる人もいますが、これまで話したように、ＤＮＡの修復能力と放射線のホルミシス効果を考えると、がん患者が増えるどころか、長生きする人が増えるのではないでしょうか。

これまで見てきたように、放射線というものはけして悪いことばかりではありません。そのメリットは計り知れないものがあります。放射能は怖いと洗脳されてしまっているため、メディアも放射線のメリットを取り上げることを尻込みしているのでしょう。

こうした客観的なデータがいくつもあるのですから、古い考え方にとらわれていないで、事実を知ることによって考えを変えることが必要だと思います。事実をつなぎ合わせていけば、おのずと真実の答えは出てくるはずです。

また、ラッキー博士は、放射性廃棄物はうまく活用すれば健康増進のための放射線源を提供してくれるだろうと言っています。使用済み核燃料は適切に再処理してうまく利用するべきでしょう。

東京の銀座通りの歩道は、花崗岩が敷き詰められているため、他の場所の3から4倍の放射線を出しています。花崗岩にはウラン、トリウム、ラジウムなどが含まれていて、これらが放射線を出しているのです。

放射性廃棄物を薄めて道路に敷き詰め、軽い放射線が出るようにすれば、みんなが健康になるでしょう。まさにラドン温泉の発想です。

福島の原発事故以降に出回った、放射能や原発に関する間違った認識や放射線ホルミシスや放射能の歴史などに関しては『「放射能は怖い」のウソ』という本にわかりやすくまとめています。ぜひそちらもご一読ください。

第6章

神の贈り物としての原子力と日本人の使命

～2発の原爆と原発事故を日本が受けた意味～

3つの神の奇跡「遅発中性子」「共鳴吸収」「不活性ガス」

「振り向けばすぐそこにいると思われるくらい、神がすぐそばにいることを実感した」

アポロ15号の宇宙飛行士、ジム・アーウィンが地球に帰還したときに語った言葉です。一流の科学者でもある宇宙飛行士たちが、宇宙空間に飛び立って地球へ帰還したのち、しばしば「神の存在を感じた」と口にしています。神の声を聞いたわけでも、神の姿を見たわけでもありませんが、自分のそばに神がおられるのを感じたというのです。

私ももともと無神論者でしたが、長い間、原子力の研究に携わっているうちに、神様の存在を感じずにはいられない、そんな数々の奇跡を目の当たりにしてきました。

神様が人類をおつくりになったのであれば、その人類が幸せに生きていくすべを与えないわけがありません。

原子力がまさにそうです。

地球という限られた資源しかない星で人類が永々と生きながらえるようにと、神様が用意してくれていたものとしか考えられないのです。

原子炉で行なわれている現象は、いくつもの奇跡があって初めて成しえることができるものです。

たとえば、ウラン２３５原子やプルトニウム２３９原子に、中性子が飛び込むと、原子核が2個に割れ、2個から3個の中性子が飛び出し、それと同時に微量の熱が発生します。これが核分裂でした。原子炉はこの核分裂を連続的に発生させ、同時に発生する熱を連続的に生じさせる装置です。

原子力発電において、この核分裂連鎖反応をコントロールできなければ、穏やかなエネルギーを取り出すことはできません。

しかし、核分裂反応とは、1万キロ／秒という高速の中性子が原子間を飛び回ることで起こる現象であるため、平均所要時間は10ナノ秒（ナノ秒は10億分の1秒）という瞬く間の出来事であり、とても人類がコントロールできるような時間の尺度ではないのです。

ここに、第1の神の奇跡が姿を現します。それが「遅発中性子」の存在です。

核分裂が起こるとそのたびに中性子が放出されますが、ごくわずかな割合ながら数秒から十数秒遅れて放出される中性子があるのです。それが遅発中性子です。

この核分裂のたびに発生する遅発中性子の割合は、放出される中性子全体のたった１％にも満たないものですが、核分裂連鎖反応のスピードをゆっくりしたものにすることに大きく寄与していることがわかっています。核分裂連鎖反応を人類がコントロールできるようにと、遅発中性子という存在を神様はちゃんと用意されていたわけです。

また、原子炉の出力を変える際、制御棒などで核分裂の反応速度をコントロールするのにかかる所要時間は「0・1」秒程度なのですが、この「0・1」秒という時間の長さにも奇跡がひそんでいます。

制御工学へ進んだ昔の仲間たちと集まった折、人間が制御できる物事の速度はどのくらいなのかと聞いたとき、彼らは口をそろえて「0・1秒だ」と答えました。私はあまりのことに声が出せませんでした。

捕捉ですが、原爆は核分裂するウラン235原子ばかりにしてあるため、遅発中性子の割合をはるかに超えた猛烈な中性子発生が続くので、遅発中性子とはまったく関係がなく、爆発的な連鎖反応になります。

もしも、この遅発中性子の存在がなければ、原子爆弾は製造できても、原子力発電所を建設することはできなかったでしょう（原子力発電の技術というのは原爆製造よりもはるかにレベルの高いものです）。原子炉とはまさしく「神の贈り物」ともいうべき奇跡であると思います。

核分裂における第2の神の奇跡が、ウラン238の「共鳴吸収」という現象です。

核分裂をしてエネルギーを生むのはウラン235原子ですが、炉心の中にある原子炉燃料のほとんどは、ウラン238原子が占めています。

原子炉の中では、核分裂で発生した中性子が前後左右に振動しながら、猛烈な勢いで走り回っています。ウラン238原子核も、陽子92個、中性子146個がバラバラにならない程度に一体となって激しく振動しています。これを「熱振動」といいますが、その熱振動は温度の上昇とともに激しさを増します。

走ってきた中性子が熱振動しているウラン238原子核に、ある速度でぶつかったとき、その中性子とウラン238原子核がまるで抱擁を交わすように一緒になってしまうという現象が見られます。これがウラン238原子の共鳴吸収です。

ウラン238原子の熱振動が激しくなると、気に入った速度での中性子のウラン原子とのぶつかる頻度、つまり発生確率は急上昇します。つまり、原子炉内で温度が異常に上昇すると、このウラン238原子による共鳴吸収現象が劇的に増加して、中性子がなくなっていくため、核分裂反応が続かなくなるのです。

これが意味するところは、原子炉というものは、温度が異常に上昇すると、本質的に安全に停止する性質を持っているということです。

私はこの事実を知ったときに、神様の人類に対する配慮を感じずにはいられませんでした。原子炉というものは本質的に安全に利用できるようにできているわけですから。

ちなみに、原子爆弾は、莫大なお金をかけてウラン238原子を除去してしまい、徹底的に核分裂するウラン235原子ばかりにしたものです。ウラン238原子をたくさん残してある原子炉とは根本的に違うものなのです。


驚くべきことに、核分裂にひそむ奇跡はこれだけで終わりません。

ウランが核分裂すると、原子核は二つに分かれ、二つの核分裂生成物（放射性物質）が生まれます。これは、普通の原子のようなきちんとしたものではないので、みんな放射能を持っています。

元素の種類としてはニッケル（原子番号28）からジスプロシウム（原子番号66）までの約40種類、質量数（原子核を構成する陽子と中性子を足した数）でいえば66から166までほぼ100種類のものができるのです。

ここで、とても不思議なことに、原子核が真っ二つに分裂するということは少なく、だいたい大きさの割合で3対2ぐらいになることが多いのです。そして、核分裂生成物の中でも、クリプトン（原子番号85）とキセノン（原子番号140）がたくさん生成されることがわかっています。

これらクリプトンとキセノンは、不活性ガスの原子であり、まったく反応性がないため、人が吸い込んでもそのまま吐き出されてしまいます。要するに、毒性がないのです。

これが神の第3の奇跡です。核分裂して生まれるもののほとんどは毒性がない不活性ガスである、この事実にも私は衝撃を受けました。

「あまりにも神様は気配りが過ぎるのではないか。人類が原子力エネルギーを使わない手はない！」

そうして、私は無神論者から有神論者へと宗旨替えしたのです。

ウランの価値を150倍にする方法

21世紀における世界の爆発的な発展を支えるエネルギー資源となりうる原子力発電ではありますが、実際のところ原子力発電の原料になるウランもまた有限です。

2013年時点で確認されているウランの埋蔵量は、590万トン。いまのエネルギー消費予測から考えると、99年分であるといわれています。

石油が1兆6879億バーレル（53年分）、天然ガスが186立方メートル（55年分）、石炭が8915億トン（113年分）です。いずれにせよ、向こう50年から100年ほどで人類はエネルギー供給において路頭に迷うことになるのです。

しかし、1グラムのウランを150倍に飛躍させる方法があるとしたらどうでしょうか。99年分が一気に1万4850年分に延びることになるのです。

そんな夢のようなことが、乾式再処理による高速増殖炉であれば現実となります。

原子炉から出てくる使用済燃料の中には、燃え残ったウランや新たに生み出されたプルトニウムが含まれています。これらの使用済燃料を再処理して、ウランやプルトニウムを取り出し、新しい燃料として再び原子炉で使うことを「核燃料サイクル」といいました。

高速増殖炉は設計の工夫で、核分裂でウラン235が減っていく量よりも、ウラン238からつくり出されるプルトニウム239の量が多くなるために、「夢の原子炉」といわれています。たとえば、「もんじゅ」は、消費した燃料の約1・2倍の燃料（プルトニウム）を新たにつくることができることを狙ってつくられたものです。

現在、実用化されている原子炉では、ウラン235原子の利用でウランの0・6％程度をエネルギーに変えているにすぎません。

この現状から脱皮して、天然ウランの99％以上を占めているウラン238原子をプルトニウム239原子に変えていく高速増殖炉開発に大成功すれば、ウランのおよそ90％をエネルギーにしていくことができるために、エネルギー源としての原子力の意味が、現在の状況の１５０倍にもなるのです。

世界の高速増殖炉の歴史は意外に古く、１９５０年代、すでに軽水型原子炉とともに開発が進められていました。どちらの原子炉にも一長一短があります。高速増殖炉型は構造が複雑ですが、燃費がよい上に、再処理・再利用が可能です。一方、軽水炉型はシンプルですが、廃棄物がたくさん排出されます。

アルゴンヌ研究所で当初から原発にかかわっていたチャールズ・ティルは、『パンドラの約束』の中で語っています。

「われわれは軽水炉型原子炉をつくりました。しかし、それは短期的なもので、高速増殖炉型開発の踏み台としてでした。しかし、軽水炉のほうが商業化しやすかった。これが産業の方向性でした」

50年代初頭、同様に原子炉を開発中だったソ連が欧州で原子炉の商売を始めないか心配だったということがあります。この流れが、アイゼンハワーの「平和のための原子力利用」の宣言につながっていきます。

現在、世界中に約４００基の軽水炉型原子炉ができ、予想以上に大量の核廃棄物を生み出しています。後先考えずに商業化に走った代償です。

日本では、1960年代から高速増殖炉の研究開発が進められていました。1965年6月に、茨城県東海村に「日本原子力研究所」が発足し、「完全な核燃料サイクル」計画を立案しました。エネルギー資源に乏しい日本にとって、核燃料サイクルはまさに理想的なエネルギー・システムのように思えたのです。

原子力発電において、軽水炉における使用済み核燃料の処理は、これまでずっと棚上げにされてきた問題です。使用済み燃料プールの中で保管されてきましたが、どんどん増え続けています。

使用済み核燃料を出さない高速増殖炉が実用化されれば、この長年人類を苦しめてきた問題を解決することができるのです。

米・英・仏・ロでは、原子力開発と同時に半世紀前から高速増殖炉の実験炉やそれに次ぐ原型炉や実証炉がつくられました。

40年以上も前に設計され、アルゴンヌ研究所によって建設された2万キロワットのEBRⅡは30年間の優れた運転実績によって最近、運転を終了しました。

EBRⅡで驚かされるのは、50年前に革新的な電磁ポンプや信頼性の高い二重管の蒸気発生器を製作し、それが30年間もの間、まったくなんの故障もなく、その使命を果たしたことです。

フランスで2番目に開発された高速増殖炉「フェニックス」は、30年以上継続運転されてきたのですが、そこで20年使われたというパイプと実験のために吊り上げられたポンプを私は見たことがあります。ナトリウムは水と違って金属を酸化させる作用がないので、フェニックスのパイプやポンプは錆もなくまるで新品のようだったので、驚いた記憶があります。

設計がシンプルでスマートなものはこのようにすぐれた運転実績を納めていますが、膨大な資金をかけて建設されたフランスのスーパーフェニックス（120万キロワット）などは、巨大かつ複雑であり、機器が多すぎて故障ばかり起こすという理由で取り壊すことになりました。

日本は「海水ウラン」でエネルギー大国になる!?

1976年4月24日、茨城県東茨城郡大洗町にある日本初の高速増殖炉「常陽」が順調な運転を続け、高速増殖炉の開発に必要な技術データや運転経験を着実に積み重ねました。

これに続く福井県敦賀市の「もんじゅ」は、1994年4月に初臨界に達しましたが、1995年12月にナトリウム漏洩事故が発生、2010年5月、14年5ヵ月ぶりに運転を再開しましたが、間もなく、故障や操作ミスなどのトラブルが頻発したために、原子炉を停止して、先頃、廃炉に決定しました。建設と維持管理に約1兆円が投じられたといわれています。

巨額のお金をかけていきなり大型の複雑な原子炉をつくるのではなく、ナトリウム冷却技術や金属燃料技術の習熟など、一歩一歩慎重に前進していく姿勢が大切なのではないでしょうか。

ナトリウム冷却炉の魅力は、福島の事故で経験したような全電源喪失時に、水が蒸発して炉心が露出し、原子炉停止後でも余熱で温度上昇して炉心溶融になってしまうようなことにはならないということです。ナトリウムは沸点が高く、800℃まで圧力上昇もなく、蒸発してしまうこともないということは、安全確保の点から非常に有利なのです。

問題なのは、EBRⅡやフェニックスのように、きわめてすぐれた運転実績を示したにもかかわらず、その大成功した原子炉の技術を受け継ぎ、次の設計建設がなされないことでしょう。

現在ことごとく増殖炉の開発がストップしています。EBRⅡの大成功を活かした活動はなぜないのでしょうか？

私にはなぜＥＢＲⅡの実績を受けて、世界で乾式再処理と一体にした高速増殖炉が生まれないのかが不思議でなりません。

高速増殖炉はしょせん「夢の原子炉」だったのでしょうか。

私はそうは思いません。地球上のウラン埋蔵量を考えると、いま開発をやめるべきではないでしょう。

日本の場合は、自国ではウランを産出できないために、１００％を海外からの輸入に頼っているような状況ですが、これから新たなウラン資源の宝庫として注目されているのが海水中のウランの存在です。

海水中には、地球上に存在する１００あまりある元素のうち、77もの元素が溶け込んでいます。海水１トン当たりでは、ナトリウムが１・０５キログラム、マグネシウムが１・３５キログラム、カルシウムが４００グラムなのに対し、ウラン、チタン、バナジウムなどの希少金属は、海水１トン当たり2から3ミリグラムと、１０００分の１の低濃度です。

とはいえ、膨大な海水の中には、45億トン以上もの量のウランが存在し、陸上の鉱石中のウランの約１０００倍の量であるといいます。

日本はこの海水中のウランを採取する技術を持っています。しかし、陸上のウラン採集の10倍のコストがかかるために、いまのところ産業化されていませんが、高速増殖炉開発に成功すれば、海水中に45億トンあるといわれるウランの利用がいずれは成り立つことになるでしょう。

日本はこれまで資源のない国と言われてきました。しかし、高速増殖炉の開発に成功することができれば、海に囲まれた日本は世界一のエネルギー国に生まれ変わります。高速増殖炉の開発は人類にクリーンな無限のエネルギーを海という全人類に平等な資源から生み出すことができるようになります。

これは人類社会の歴史の大変革になるでしょう。

原子力以外の発電方法の未来

人口の増加と発展途上国の経済成長などにより、世界のエネルギー消費量は今後ますます増加していきます。

世界のエネルギー消費量の内訳を見ていくと、2013年時点で、CO2を排出する化石燃料（石油、天然ガス、石炭）だけで、実に全体の86・7%を占めています。水力発電が6・7%、原子力が4・4%、再生可能エネルギー（太陽光、風力、地熱など）が2・2%です（出典：「原子力・エネルギー」図面集）。

これは日本における電力供給量の割合とほぼ一致しています。2012年時点で、火力発電が全体の88・4%を占めています。水力が8・4%、将来が期待されている再生可能エネルギー（風力、地熱、太陽光など）はわずか1・6%です。

ちなみに、2009年当時、火力発電の割合は、61・7%でした。ご存じのとおり、この急速な火力発電依存の背景には、3・11以降の原子力発電所の稼働停止があります。

太陽光や風力、地熱などの再生可能エネルギーが、「未来のエネルギー」として将来を嘱望されながらも微々たる割合にとどまっているのは、発電コストの問題がネックになっているためです。

これでは、再生可能エネルギーには期待できないと思われるかもしれませんが、世界に目を向けてみると、健闘している国もあります。

たとえば、環境先進国であるドイツでは、20・7%、日本同様島国であるイギリスは10・4%、デンマークはなんと50・6%です。ただし、再生可能エネルギーを導入するためのコストは国民が担うことになり、電気料金が高額になることは言うまでもありません。

これからの時代は各発電方法をミックスする時代になるといわれています。消費者が電力を賢く選択する時代です。

折しも、2016年4月から電力の自由化が始まりました。私たち消費者は360社を超える新しい電力会社から電気を買うことができます。もちろん、どの電力会社でも電気の質に違いはありませんが、電力会社や電気料金プランによって、価格やサービスに違いが出てくるようです。

日本よりも20年以上前に電力の自由化が行なわれたイギリスは、日本の未来を予測するよい材料になるかもしれません。

イギリスは1990年に電力自由化に踏み切りました。市場に参入した新規参入者は、市場シェアを獲得するため、既存の電力会社よりも安い料金を提供しようと努力しましたが、これにより経営が悪化して破綻する企業が出てきました。

さらに、石炭・石油火力発電所の老朽化により閉鎖する発電所が出てきても、自由化のなされた市場では電気料金の価格保障がないために、設備を新設することができずにいるのです。

電力の不足分を補うために、イギリスはフランスとオランダの間に敷設されている送電線を通して電力を輸入しています。うち約3分の2がフランスからの輸入です。フランスは電力の8割近くを原子力に頼っていますが、お話ししたように、3・11以降、原子力政策を変換しようとしています。

3・11の福島の事故があってから、原発の危険性について訴える人が増えました。原発は危険なので火力発電に戻そうという人がいますが、事故の件数や犠牲者の数を比較するならば、火力発電のほうがよほど危険です。ボイラーの爆発事故が多く、これまでにたくさんの人々が亡くなっています。リスク統計比較では、原発ほど安全な発電手段はないという詳細な論文もあります。日本はもっとまじめに検討しなければいけません。

原発の犠牲者は、1999年に茨城県の東海村で起きた臨界事故で作業員が2人亡くなっていますが、日本ではいまのところこの2人だけです。今回の福島の事故では大騒ぎになっていますが、放射線による死者は出ていないのです。

日本は火山列島であるため、地熱発電は戦後早くから注目されていました。総発電電力量はまだ少ないものの、安定して発電ができる純国産エネルギーとして注目されています。しかし、硫酸や一酸化炭素など有毒ガスが発生することから、開発過程で多くの犠牲者を出してきました。また、配管などの金属はすぐにさびてしまうし、地熱発電に過大な期待はできないというのが現状でしょう。

太陽光発電は、太陽電池を使って太陽の光を電気エネルギーに変換するものですが、非常に高価な電気になります。発電時にCO_2を排出しませんが、大量に発電するには広い面積が必要となります。また夜間は発電ができなかったり、天候により出力が低下するなど、電力供給が不安定になることが短所です。

とはいえ、太陽光発電導入の実績では、日本はドイツとともに世界をリードしており、2011年末現在の導入実績は、491・4万キロワットで、この10年間で約8倍に増えています。それでも、化石燃料の代わりとなるにはほど遠い電力量です。

風力発電は、風の力を利用して羽根を回転させ発電します。日本では、海岸に近い陸地など、年間を通じてよく風の吹く場所を選び、着実に導入が進められています。

これも太陽光と同様に永続的なエネルギーであり、発電時にCO_2を出しませんが、大量に発電するには広い面積が必要になり、風車が回転するときに騒音（低周波音）が発生するという問題があります。また、風向きや風速が時間や季節によって変動するため、電力供給が不安定です。

バイオマス発電は、動植物などから生まれた生物資源の総称です。この生物資源を直接燃焼したり、ガス化するなどして発電します。CO_2を排出しない発電方法とされています。未活用の廃棄物を燃料とするため、廃棄物の再利用や減少につながり、循環型社会構築に大きく寄与するといわれてます。

確かに、太陽光や風力、バイオマスは危険性は少なく、将来的には有力視されていますが、いますぐに原子力発電の代わりになるものではないでしょう。コストをはじめ多くの問題点があります。

水力発電は、ダムなどをつくって水をせき止め、水が高いところから低いところへ落ちる力を使って水車を回し、発電機を回して電気をつくります。水力発電の中には、夜間、火力発電所や原子力発電所でつくられた電気で水を汲み上げ、昼間の電気がたくさん使われるときに、この水を落として発電に使う揚水発電所もあります。

しかし、降雨量によって発電量が左右されるという弱点があります。その上、CO2を出さないといっても、ダムをつくるには周辺地域の自然環境を破壊してしまいます。日本にはもうこれ以上ダムをつくる余地はないでしょう。

最近は日本近海の海底に眠っているメタンハイドレートも注目されています。これはメタンなどの天然ガスが水と結合してできた固体の結晶のことで、天然ガスの一種です。「燃える氷」などとも呼ばれ、石油や石炭にくらべるとCO2の排出量が半分ということで、次世代のクリーンエネルギーとして期待されています。これが日本近海には天然ガス使用量の100年分があるといわれ、これは世界最大の量になります。

政府は2018年までの18年計画で開発を進めており、2018年に2019年以降の行程表を作ることになっています。今後は5年から10年を目途に民間会社が参入できるように研究開発を進める方針です。

実用化が期待されているメタンハイドレードですが、まだまだ研究開発の半ばであり、コストの問題などこれから解決しなければならない点を多く抱えています。それに、石油や石炭の半分とはいえ、CO_2を多く排出することには変わりありません。

このように、発電方法はさまざまあり、それぞれメリットとデメリットを抱えており、各国はその国の地勢や気候、政策や経済面などを総合的に考えて、各発電方法を組み合わせて電力供給を行なっています。

しかし、安定した供給を支え、クリーンなエネルギーとは何かを消去法で考えていけば、やはり将来的に有望に思える発電方法は、原子力以外にはないように私には思えるのです。

超小型原子炉で砂漠を緑の大地に変える

「われわれの『砂漠緑化プロジェクト』にぜひ協力していただきたい」

1989年秋、サンフランシスコで開催されたアメリカ原子力学会にて、世界に向けて初めて超小型原子炉構想を発表すると、すぐに国際原子力機関（ＩＡＥＡ）から連絡がありました。

北アフリカや中東の国々では、地球の温暖化による砂漠の拡大が深刻化しています。砂漠は不毛の地で、人は居住できず、農作物も育ちません。にもかかわらず、年々、地球のあちこちで砂漠は広がっていっています。近い将来、砂漠化は北アフリカや中東だけの問題ではなくなるでしょう。彼らの『砂漠緑化プロジェクト』に協力することは、人類全体の未来のためにもなるのです。

砂漠の緑化のためには膨大な量の水が必要です。そのためには、電力を利用して海水を脱塩して淡水化しなければならないのですが、送電線の敷設が困難な砂漠では電力の供給が難しいのです。

「あなたの提唱する超小型原子炉構想は、送電網を敷く必要がない上、30年間、燃料を交換しないで済むので、核拡散問題に悩まされることもない。ぜひＩＡＥＡ本部でスピーチしてほしい」

１９９０年、オーストリア首都のウィーンにあるＩＡＥＡ本部に招聘され、超小型原子炉構想を訴えました。講演が終わると、参加者が総立ちになって拍手を送ってくれ、私は胸が熱くなりました。

翌日、驚かされたことには、IAEAの関係者が近寄ってきて私に言うのです。

「服部さん、あなたの講演を聞いたフランス人たちがみんな帰国してしまいましたよ」

フランスといえば、エネルギーの80%を原子力発電でまかなうという原子力大国です。最初の高速増殖炉フェニックスは順調に稼働したのですが、その後、物入りでつくったスーパーフェニックスがトラブル続きで持て余していたのです。

私はかつてスーパーフェニックスを日本に導入できるかどうかの検討を命じられたことがありました。その際に、スーパーフェニックスのもんじゅにも劣らない巨大かつ複雑な設計を目の当たりにしていました。1万個もの部品があれば、毎日のようにどこかにトラブルが発生します。表沙汰にならないのは、単にそれを公表していないだけでしょう。

一方で、私が提唱する超小型原子炉は50個ほどの部品でできているのです。それを砂漠にたくさん分散して配置しておけば、運転員もいらず、燃料交換も必要なく、けして事故も起こらないのです。それでいてスーパーフェニックス以上に利便性が高いとあれば、フランス人たちが気分を害して帰ってしまうのも仕方ないかもしれません。

その数年後、スーパーフェニックスは運転停止になり、解体作業が始まります。

1991年、フランスの原子力開発の重鎮であるジョルジュ・バンドリエスが来日した際、とあるレセプションパーティーで声をかけられました。

「ユー！　ハットリ？」

私がイエスと答えると、

「服部さん、昨年のウィーンでの講演を覚えていますか？　〝スーパー・スモール、スーパー・シンプル、スーパー・セーフが答えだ〟と語ったでしょう。私たちは完敗したと思ったんです。私たちのスーパーフェニックスは巨大かつ複雑で、今後もトラブルが続くでしょう。信頼性と安全性から見て、あなたの超小型原子炉のほうがはるかにすぐれている」

バンドリエスは、原子力研究の草創期から、指導者として原子炉設計の基盤確立、高速増殖炉開発計画の推進に寄与したフランス原子力界の重鎮です。そして、世界初の大型実証炉スーパーフェニックスを完成に導いた人物でした。

「ユー・デストロイド　スーパーフェニックス！　バット、アイム・ノット・アングリー。アイ・ライク・ユー」

そう言うと、バンドリエス氏は私に抱きついてきました。私は彼のことが好きになりました。

NATOからも講演依頼が舞い込んだ

1996年、今度は北大西洋条約機構（NATO）から講演の依頼が来ました。ロシアが保有する400トンの核兵器用プルトニウムを平和的に消費するためのアイデアを求めているとのことでした。

同年10月、モスクワのロシア科学アカデミー本部にて開かれた「核拡散防止委員会」の席上で、私が開発した超小型原子炉「4S炉」を活用したプルトニウムによるシベリアの資源開発と世界の僻地での稼働を訴えました。会場には、クルチャトフ研究所ほか、全世界から多くの原子力関係者が集まりました。

講演が終わりモスクワに滞在中、見知らぬロシア人が近寄ってきました。

「服部さん、一緒に食事でもしながら、4S炉の少し詳しい話を聞かせてくれませんか？」

やけに英語の堪能な人物で、後で知ったことですが、アメリカから送り込まれたスパイもどきで、カール・ワルター博士という方でした。

帰国してしばらくすると、アメリカから連絡がありました。核物理学者のエドワード・テラー博士が私の4S炉が実現可能か否か、その理論を検証するチームをつくったというニュースでした。

私はびっくり仰天してしまいました。テラー博士といえば、アインシュタイン、オッペンハイマーと並んで、「原子力開発の三巨頭」のひとりと呼ばれていた人物です。

テラー博士が言うには、「核燃料の交換もなく、異常時に自然停止するというのが、できすぎている」と思ったそうです。

この件でアメリカに呼ばれると、あのときのロシア人の顔があったから驚きました。カール・ワルター博士です。

「この一件は、全部私が仕掛けたことなんだよ」

ワルター博士はローレンス・リバモア研究所とカリフォルニア大学の顧問を務める人物で、モスクワで聞いた4S炉構想をアメリカのエドワード・テラー博士に注進したのが彼だったのです。

こうして、1997年、テラー博士の指示で、カリフォルニアチーム（テラー博士の創設したローレンス・リバモア研究所とカリフォルニア大学、アルゴンヌ研究所）が結成されて、安全性、負荷追従性、長期耐用性など、4S炉構想の検証が行なわれました。

原子炉の反応度計算（核計算）が最高の精度でなされるスーパートランスポート理論を開発した世界の第一人者、イスラエルのエフド・グリーンスパン博士がカリフォルニア大学客員教授として招かれ、カリフォルニアチームのヘッドとして詳細解析がなされ、4S炉成立性評価が完了したのは1998年の初めでした。

「服部さんの4S炉は、制御棒も、運転員も、核燃料の交換も必要ない。エクセレントな原子炉構想だ！」

グリーンスパン博士はそう絶賛して、米国エネルギー省（DOE）に報告してくれました。

米国エネルギー省はこれを受けて、1998年10月、NERI（Nuclear Energy Research Initiative）プロジェクトと名付け、小型で燃料無交換の安全炉を世界のために開発しようとアメリカの研究者たちに呼びかけ、世界的な視点の開発研究をスタートしました。

環境主義者ラブロック博士の訴え

2000年5月、アメリカ原子力学会から講演の依頼が来ました。同年の9月26日にボストンで開かれる晩餐会の席で、『21世紀の人類を救うための原子力技術』という題で4S炉について話してほしいというのです。

「ただし、9月26日でなければいけないので、ぜひ日程を正確に決定してくれないか」

私は但し書きにあった日付の注意書きを不思議に思いましたが、なんとか都合をつけてその日に出席しました。

当日の晩餐会には、ハーバード大学やマサチューセッツ工科大学の名誉教授といった錚々たる顔ぶれがそろっていましたが、友好的かつ世界人類のためにという点を強調した好意的な雰囲気の中でスピーチを終えることができました。

ボストンからの帰り道、空港まで送ってくれたアメリカ原子力学会の関係者が、なぜ9月26日でなければいけなかったのか、教えてくれました。

「あの日、つまりあなたがスピーチした日は、あのジェームズ・ラブロック博士が、原子力反対の立場から、原子力賛成へと心変わりした日なんですよ」

3章で紹介したように、ジェームズ・ラブロックは有名なガイア理論の提唱者でしたが、「原子力を支持する環境主義者協会」のブルーノ・コンビとの議論の末、「地球ガイアの終焉を止めるためにぜひ原子力の推進を」と宗旨替えしました。

アメリカ原子力学会の幹部たちはその話を聞き知っていて、9月26日という晴れの日の晩餐会にふさわしいゲストとして私をボストンに招聘してくれたのでした。その粋な心づかいには心から感激させられました。

そうして、そのことについて書かれたブルーノ・コンビがラブロック博士と行ったミーティング内容を伝えるメール文書を見せてくれたのです。

ここに一部を抜粋して掲載したいと思います。

これは、環境保護主義の生みの親とされる、ジェームズ・ラブロック氏と我々との間で行われた、昨日のミーティングのご報告です。

（中略）

氏は著名な著述家でもあります。著書は数百万冊も販売され、それら著書の中で、氏は次のような警告を発しています。その警告とは、惑星規模で大気組成を変えることの危険性（特に二酸化炭素と地球温暖化）、そして、このことは、現在知られている惑星生命体の存在そのものを、危険にさらすかもしれない、というものです。

なかでも氏が強調するのは次の点です。地殻の中で、自然によって数百万年かけて蓄積された化石燃料。その化石燃料を、より効率的活用のため持続可能にする、というのではなく、莫大な量を、わずか数十年で急速に燃焼してしまう、という危険性です。

（中略）

Subject: EFN - Meeting with the famous environmentalist JAMES LOVELOCK
Date: Wed, 27 Sep 2000 03:33:48 +0000
From: EFN <EFN@ecolo.org>
Organization: Environmentalists For Nuclear Energy
To: Environmentalists For Nuclear Energy - efn <EFN@ecolo.org>

Madam, Sir, dear friends,

This message is to inform you of our meeting yesterday with James Lovelock, considered as the founder and father of environmentalism.

You certainly have heard already about JAMES LOVELOCK, independent scientist, chemist, physicist (doctor Honoris Causa of several famous universities throughout the world), respected worldwide for his research, and the father of the GAIA theory which considers the Earth as a self-regulated living organism.

JAMES LOVELOCK has played a major role in the development of environmental awareness worldwide and is considered as the ideological leader of the environmental movements since the 1960's. Thirty years ago, he invented the electron capture detector, used in gas chromatography, which is the basis of the exquisite sensitivity of that process of chemical analysis.

It is LOVELOCK's research and discoveries, for example, which made it possible to detect minute traces of DDT in the polar ice, and some of his other work led to the measurement of the ozon hole.

He also invented various detectors and new approaches for the NASA to study the chemical composition of the soil and of the atmosphere and the presence or absence of life on various planets (especially Mars and the Earth) in order to determine the conditions necessary to develop or maintain life on a planet.

James Lovelock is also a famous writer. His books have sold millions of copies, and in them he alerts us to the dangers of changeing the atmosphere's composition on a planetary scale (especially the CO2 and global warming), which may endanger the presence of life itself as it is known today on the planet.

He especially underlines the dangers of burning rapidly, in just a few decades, large amounts of fossil fuels, which nature has taken millions of years to accumulate in the Earth's crust, thus contributing to global warming, instead of preserving them for better uses in reasonable quantities.

We, Berol, American correspondent of the IBC and myself, have been in correspondence with him, the last several months, exchangeing our views on various subjects : environmentalism, health, the pollution of the planet, our books, the life of an independent writer and scientist, etc.

Last August, James LOVELOCK enthusiastically accepted my invitation to write a preface to the English edition of my book "Environmentalists For nuclear energy".

Berol, his wife Shirley and myself therefore went yesterday to visit James LOVELOCK at his home where he had kindly invited us.

At the age of 81, he is still in great health and very active. He doesn't smoke, takes a half hour siesta every afternoon, walks one hour every day and is careful about his diet.

James Lovelock lives with his wife Sandy and his son John, in the west country of Great Britain, in the beautiful green area of Devonshire, in his own nature reserve (35 acres), where he continues to write, to experiment, and to communicate his concerns.

This meeting was exceptionnaly warm. Sandy and James LOVELOCK welcomed us with an infinite kindness, making room for us on their schedule loaded with television interviews and the preparation for the publication of his autobiography "Hommage to GAIA" to be published in a few days (28th september).

We spent a long afternoon with them, from 2 to 8 pm, including of course the traditional English tea (replaced in my case by nuts, grasshoppers from his nature reserve and apples freshly fallen from his wild apple trees).

I had a long conversation alone with him while walking in his nature reserve : we spoke about the planet, our books, our lives, our concerns for the future of the planet and for the health of its people.

His long experience as an independent scientist is great inspiration to me in my efforts to advance the work of the COMBY INSTITUTE and EFN. We shared with him our experience with web sites and the internet, which he considers as useful inspiration for the promotion of his own foundation, the "GAIA CHARITY".

James LOVELOCK told us how much he wants to support our work for a cleaner planet, and to inform the public about the environmental benefits of nuclear energy.

He has read my book "Environmentalists For Nuclear Energy" before writing his preface for the English edition, and found it very interesting, easily readable for the public.

James LOVELOCK now openly supports and advocates clean nuclear energy. He takes every occasion he can, in his public appearances, lectures or interviews, to speak about the urgent necessity to develop clean nuclear energy, the only way in his opinion to avoid the important dangers which threaten life on the planet.

He was recently invited as a key-note speaker to an important meeting of FRIENDS OF THE EARTH (an international organization, usually anti-nuclear), and made a speach about Gaia, the planet, including a long passage on how urgent and necessary it is to build 180 new modern nuclear power plants in Great Britain, and to rapidly at least triple the number of nuclear power plants installed in the world. The most surprising is perhaps the reaction of the audience : he received a long standing ovation for his speach !

In its edition of Saturday 16th september 2000, the British newspaper "The GUARDIAN" has published a long article about LOVELOCK's life titled "The whole world is in our hands" and subtitled "James Lovelock's Gaia theory inspired the Green movement. But, as fossil fuels begin, literally, to cost the earth, he argues that nuclear power could save the planet". The article says :

"He is fond of individual Greens, but he doesn't have much patience for some Green thinking, and in particular the Green attitude to nuclear power. Never mind the British government's little local difficulties with fuel prices, fossil fuels are literally beginning to cost the Earth, and meanwhile, the green campaigners are rejecting at least one easy answer to the great problem of how to power an economy without shutting down the biosphere with polluting greenhouse gases. This answer, Lovelock says, is ecologically clean and tidy and has a very bad press. It is nuclear power. "I can envisage somewhere around 2050, when the greenhouse really begins to bite, when people will start looking back and saying : whose fault wall all this ? And they will settle on the Greens and say : "if those damn people hadn't stopped us building nuclear power stations we wouldn't be in this mess", and I think it is true. The real dangers to humanity and the ecosystems of the Earth from nuclear power are almost negligible" (...) -> this article keeps going on three columns about the environmental benefits of nuclear energy.

On the next day, 17th of september 2000, The SUNDAY TIMES published an article on James LOVELOCK titled "James Lovelock, father of the Gaia thesis, is our greatest scientific seer, for whom the future is natural, and nuclear". A few quotes from this article :
- "Says James Lovelock : I'm all for higher fuel prices. When London is flooded around the middle of the next century and 10 million people have to be relocated, that generation will be cursing us for burning fossil fuels. They'll be wondering why we were so stupid not to use nuclear power instead of oil and coal."
- "If we must have cars, they should be electric vehicles charged by nuclear power stations".

It can be expected that, in the coming days, with the press conferences and the publication of his autobiography scheduled in just 4 days, on the 28th September, that dozens if not hundreds of such articles will be published and TV interviews broadcasted. James Lovelock, initially considered as a marginal lonely scientist, but widely respected as the ideological leader of the environmental movements since the 1960's, is now starting to be considered as one of the greatest scientists in the scientific history of Great Britain.

James LOVELOCK confirmed to us (as he had already written on several occasions) that he strongly supports the Association of Environmentalists For Nuclear Energy (EFN) and my work and that he will himself encourage clean nuclear energy as much as he can.

With his usual straight-forward attitude, he even proposes to install a repository for the entire nuclear waste generated in one year by the biggest nuclear power plant operating in Great Britain, on the land of his nature reserve owned by the GAIA CHARITY, in order to show to the public that it isn't dangerous. As an environmentalist, he isn't afraid of such nuclear waste (if the waste is properly conditioned and disposed, of course). He even considers that such a repository would certainly much contribute to protect his 35 acre nature reserve in the future generations, from the much greater dangers that may threaten it : for example, hunters wanting to kill the wild animals, farmers wanting to cultivate the land, foresters wanting to cut the trees, or real estate promoters wanting to build houses or buildings on it. With nuclear waste carefully buried a few meters deep under his reserve, the fauna and vegetation will be absolutely safe and he will be assured that the reserve is protected from its greatest ennemies : no one would want to cultivate this land or buy it, or take it's wood for many generations, nor would consider building houses or buildings on it, neither would anybody want to hunt or eat the animals having reproduced on a nuclear repository !

That afternoon was absolutely unforgettable. James opened his house, his nature reserve, his laboratory. We shared our opinions on a very wide variety of subjects, and found we had a great deal in common with each other.

On the way back, we drove past STONEHENGE, the pre-historic megalithic site of the Salsbury plain, which gives an impressive view of human ingenuity about 5000 years ago.

Of course we will remain in contact with James & Sandy LOVELOCK.

For more information on James LOVELOCK's exceptional work, and to see his books, you may refer to his new web site :

http://www.ecolo.org/lovelock/

His next book "Hommage to Gaia", the story of his life, will be available on the 28th of September 2000, in all good English Bookstores (published by Oxford University Press).

To see the photos of this meeting with the "father of environmentalism", a famous author and researcher, perhaps one of those who did the most to protect the planet, you may visit :

http://www.comby.org/voyages/lovelock_00/

To read James Lovelock's preface to my book "Environmentalists For Nuclear Energy" (about to be published) :

http://www.ecolo.org/lovelock/loveprefaceen.htm

Ecologically yours,

Bruno Comby
President of EFN

---

http://www.ecolo.org

ラブロック博士と行ったミーティングの様子を伝えたブルーノ・コンビのメール

ラブロック氏は、よりクリーンな惑星のために活動する我々をサポートし、原子力が環境にもたらす恩恵についても社会に伝えたい、とおっしゃって下さいました。

ラブロック氏は、クリーンな原子力エネルギーを公然と支持・提唱しています。公式の場、講義、インタビューなど、あらゆる機会をとらえ、クリーンな原子力エネルギーの迅速な開発・向上について提言をしています。氏の見解によれば、それが惑星の生命体が晒されている危機を回避するための、唯一の手立てなのです。

氏はつい先ごろ、「FRIENDS OF THE EARTH」（国際環境団体で、通常は反原子力）の会合に、基調演説者として招かれました。そこで、氏はガイア理論と惑星についてスピーチしました。英国の１８０基の新型原子力発電所建設が、いかに早急に必要となったかに至る、長い道のりなどについても述べられました。最も驚いたことは、（スピーチ後の）聴衆の反応でしょうか。何と、長いスタンディングオベーションを受けたのです！

イギリスの新聞『The Guardian』（ガーディアン）は、２０００年9月16日付けで、ラブロック氏の記事を掲載しました。タイトルは「The whole world is in our hands　世界は全て我々の手の中にある」。副題として「ジェームズ・ラブロックのガイア理論は、グリーン運動に刺激を与え鼓舞した。しかし、化石燃料が文字通り、地球に負担がかかり始めると、彼は、原子力が惑星を救う道になると唱える」

記事は次のように続きます。

彼は個々のグリーン運動家は好きですが、一部のグリーン運動の考え方、特に原子力に対する態度には、寛容ではいられません。

英国政府の燃料価格の窮状は言うまでもなく、化石燃料は文字通り地球に負担がかかり始めています。その一方、グリーン運動家たちは、温室効果ガス汚染される大気圏を壊すことなく、どうしたら経済に力を与えることができるかという、大変に深刻な問題解決への、一つの簡単な答えでさえ受け入れません。

ラブロックによれば、

「その答えは、生態学上クリーンで、理路整然たる原子力です」

さらに曰く

「私には想像ができます。おそらく2050年までのどこかで、温室効果ガスが牙をむき始めたとき、人類は過去を振り返り、こう言うでしょう。いったいこれは誰のせいなのだ？と。やがて、矛先はグリーン運動家たちに向き、こう言うでしょう。この人たちが原子力発電所建設を止めさえしなければ、こんな混乱には陥らなかったに違いない、と。私はまさにその通りだと思います。原子力が人類や地球の生態系に及ぼす真の意味での危険とは、ほとんど取るに足らないものなのです……」

このように、記事は、原子力が環境に与える恩恵について、このあと3ページにわたって続いています。題して「ジェームズ・ラブロック、ガイア理論の父、は最も偉大な科学的先見者である、彼によれば、未来とは自然と原子力である」

この記事から、いくつか引用します。

ジェームズ・ラブロック曰く
「私は燃料価格の値上げに賛成です。次の世紀の中頃、ロンドンが大洪水に見舞われると、1000万人の住民は住まいをどこかに移さざるをえません。その世代の人たちは、化石燃料を燃やし続けた私たち（世代）を呪うに違いありません。どうして、石油や石炭の代わりに原子力を使わなかったのだろうかと、訝しく思うことでしょう」

「車を持つとしたら、原子力ステーションで充電できる電気自動車にすべきです」

「新4S」、アメリカで特許を取得

日本に帰国してしばらくすると、マサチューセッツ工科大学やハーバード大学に所属するアメリカ原子力学会の長老たちから次々にメールが届きました。

「もう少し合理化してコンパクトなものに設計しないといまの4S炉のままでは全世界用の構想で、量産化にならないよ」

「原子炉も蒸気発生器も全部カプセルの中に入れてしまうのはどうだろう。そうすれば、大量生産して世界中に運ぶことができる」

長老たちのアドバイスはどれも貴重なものばかりで、私はさっそく新しい4S炉の設計に取り掛かりました。

こうして生まれたのが「新4S」コンセプトです。

細長い小型原子炉容器に、タービンを回すエネルギーを得る蒸気発生器のチューブを巻きつけ、ひとつのカプセルに全部収容してしまうという画期的な形状で、出力は2万キロワット以下の超小型です。

もちろん、原子炉運転員は不要で、30年燃料の交換は必要なく、電気需要の変化に従って原子炉の出力が増減する完全な負荷追従型です。しかも使用後のプルトニウムには不純物が多く含まれるため原爆の材料とはなりえません。世界中の各地に置ける小容量静的熱源であるため送電網は必要ありません。同じ設計図で、つくればつくるほど割安になります。

問題は2万キロワット以下の発電量ではたして十分なのかということでしたが、以前から、IAEAは、世界中には1万キロワット以下で十分電力が足りる人たちが膨大な範囲に分散して生活しているのだと伝えています。

新4Sを分散配置すれば、世界を豊かにするだけのエネルギーを確実に確保できるのです。長老たちの勧めもあって、2005年9月にアメリカで特許を取得しました。

新4Sの7つの特徴（A4S）

一、30年間、原子炉寿命期間中の燃料交換は不要。

二、制御棒がなく、原子炉運転作業がまったくないため、運転員が不要。よって、ヒューマンエラーが発生しない。
三、自然負荷追従型電源となる。
四、超安全のために都心部にも設置可能。
五、原子炉運転技術者不要のため、インサイダーテロを回避できる。
六、二次ナトリウム系の合理化で全部をカプセル内に一体化し、輸送、据え付けが容易。
七、現場工事を事実上なくして、工場での高品質量産用設計が可能。

―日本からパラダイムシフトを―

２０１５年12月7日付の『ウォールストリート・ジャーナル』に、アメリカ原子力規制委員会（ＮＲＣ）が放射線の安全基準を大幅に見直すかもしれないという記事が載りました。

「国民と原子力発電所の労働者の被曝許容量を現行の１０００倍に引き上げるべきだ」

そう語るオックスフォード大学の物理学名誉教授のウェード・アリソン氏の言葉を引用し、これまで原子力の世界で常識とされてきた、「放射線の有害レベルは被曝線量に正比例する」というマラー博士のLNT仮説の誤りを指摘したのです。

２００１年、当時のアメリカの原子力規制トップは、「チェルノブイリの事故に起因したとされるような白血病の超過発病は検知されなかった」ことを認めたといい、２０１３年に実施された調査によれば、福島の原発事故によって避難させられた人のうち、１６００人が「避難によるストレス」（自殺や生きる上で欠かせない医療が受けられなかったことによる死を含む）で死亡したことがわかったといいます。当時の被曝量はほとんど危険のないレベルで、たとえば、フィンランドの住民の日常的な被曝量よりも少なかったということです。

このような原子力の規制に対する情報はこれまでなかなか出てこなかったので、いま世界の原子力政策への取り組みの流れに変化が現れつつあるように思われます。

２０１５年６月には、米原子力規制委員会が、「放射線ホルミシス」説を根拠に安全基準を改定することの是非をめぐって意見募集を開始しました。その申請者のひとりである、カリフォルニア大学ロサンゼルス校の核医学教授、キャロル・Ｓ・マーカス博士は、LNT仮説について、「科学的に有効な裏付けがなく」、「LNTに基づく規制を順守する」には巨額のコストがかかると指摘しています。

「被曝に対する過度の恐れが、原子力発電の安全コスト、放射性廃棄物の管理コスト、許認可コストを押し上げた。しかし、ついに変化が起きるかもしれない。放射線被曝リスクに対する考え方にパラダイムシフトが起きつつあるようだ」

ウォールストリート・ジャーナルはそう訴えます。

「われわれはどれほど愚かだったのだろう。1ヵ月当たりの採炭による死者数は原子力産業が始まって以降のすべての事故の死者数よりも多い。厄介な問題だが、LNT仮説の基準では石炭は原子力よりも危険でもあるのだ。米国肺協会によると、石炭火力発電所から排出される粒子状物質や重金属、放射性物質によって推計で年間1万3200人が死亡している」

オイルマネーに支配され、これまで原子力に対して積極的な働きかけができないといわれていたアメリカでさえ、放射線の安全基準を見直そうという動きが沸き起こっているのです。このアメリカでのムーブメントは必ず日本にもやってきます。私たちも声を上げるべきときに来ているのです。

日本は唯一の被曝国であり、おまけに原発の大事故まで体験しました。これにはきっと意味があることだと思うのです。

アメリカは原爆を落とした罪悪感もあって日本に原子力発電の技術を惜しみなく教えて

くれました。そうして導き出された答えが、金属燃料を使用した超小型原子炉です。

日本にはその超小型原子炉をつくるだけのすばらしい技術があります。それを生かさない手はないでしょう。

インドネシアのジョクジャカルタ特別州のスルタン（君主）であるハメンクブヴォノ十世が京都を訪れた際、私に会いに来てくれました。

ハメンクブヴォノ十世は超小型原子炉に大変な興味をお持ちでした。

「インドネシアの３０００の島々があなたの技術を待っている」

インドネシアの島々は分断されているために、送電線の必要ない超小型原子炉に注目していると言います。

ほかにも、太平洋の島々や、ベトナム、タイ、台湾、アフリカ30ヵ国が、日本の超小型原子炉に関心を寄せ、期待しているのです。

日本は彼らの期待に応えなければならないでしょう。

私の最後の夢は、２万キロワットの小さくてシンプルな超小型原子炉を、環太平洋地域の島々の隅々にまで行き渡るように配置することです。

ご存じのように、太平洋戦争で日本軍はそれらの島々を駆けずり回りました。だからこそ、今度は戦争ではなく平和をこの地域にもたらしたいと思うのです。日本がその技術を持つ超小型原子炉であれば、これらの地域に低コストで安定したエネルギーを供給することができます。

原子力を活用すれば、世界平和が実現します。日本はそのリーダーになれる可能性を秘めているのです。オイルマネーに支配されているアメリカは、原子力のリーダーになりたくてもなれません。しかし、日本はオイルマネーの圧力とは距離を置いている国です。だからこそ、日本が世界を救うために立ち上がるべきなのです。

残る課題は資金の問題だけです。大量生産になれば、1基およそ10億円でつくれるはずです。それを10個つくったとしても、100億円です。これで20万キロワット発電が可能です。巨大で複雑かつ、稼働さえおぼつかない原子炉に数千億、兆というお金を費やすよりも、はるかに優れた道です。

潤沢な資本さえ集まれば、どの国のプロジェクトもいますぐにでも始められるはずです。

2013年、「放射線の正しい知識を普及する会」が結成され、ここには私も理事として参加しています。また、国会議員による放射線議連もできました。この動きに呼応するように、アメリカでも科学者たちの間でSARI（放射線の正確な知識のための科学者の会）が結成されました。この会にはルードヴィッヒ・ファイネンデーゲン、ウェイド・アリソン、モハン・ドスといった世界のトップ科学者が名を連ねています。当初は10数名で結成されたこの会は、「日本を救え」という意思の元に現在では100名以上の優秀な科学者が参加しています。

モハン・ドスは放射線議員連盟の招きにより2013年に来日した際に次のように述べています。

「科学的に根拠のない、半世紀以上前に出されたICRP勧告はただちに破棄して、豊富な科学的データを持つ放射線ホルミシスを国政レベルで認知し、いかなる手段よりも安全なエネルギーである原子力を大規模に採用しなければならない。これを率先して世界をリードしていく国は日本である」

国の垣根を越えて、私たちは相互に強力し合い、放射線に対する正しい知識を広めようと運動を行なっています。うねりはアメリカの国会議員をも動かし、新時代の原子力政策に向けて、新たな取り組みが始まろうとしています。

2016年5月には、アメリカの上院のエネルギー・資源委員会にて、先進原子力技術開発の公聴会が開かれました。アメリカは、国内電力約20%、温室効果ガス抑制の63%をになっている原子力技術を本気で国の最重要課題として取り組んでいます。東北部に寒い冬が襲ってきたり、有害ガスの発生を規制されるような場合でも、原子力発電は天候にいっさい関係なく安定したエネルギーを供給できるからです。

原子力は新しい時代に突入しました。

原子力技術は生まれてからしばらくは、多く困難な環境に直面してきました。技術的問題、経済的問題、官僚の政策、許認可などです。しかし、いま私たちはそれらの規制を取り除き、官民一体となって原子力に取り組んでいけるようになったのです。

世界の多くの人々が日本の原発の再稼働に大きな関心を寄せています。気候変動を懸念し、化石燃料の燃焼を止めたいと願っているのです。

日本は原子力への自信を取り戻さなければなりません。原子力に対する正しい知識を手にして、21世紀をともに生き抜いていきましょう。

おわりに　～神様は人類の幸せを願っている～

いまからもう10年近く前の話ですが、「ひげの殿下」でおなじみの三笠宮寛仁親王の御所に招かれ、殿下の前で私の超小型原子炉についてお話をさせていただいたことがあります。殿下と親しい知人がいて、その方に超小型原子炉の話をしたところ、殿下も興味をもつに違いないということで、夕食後に行われるという「15分トーク」の時間に私を推挙してくれたのです。

御所を訪れると、通された部屋は畳敷きの大広間でした。そこに小さな椅子が置かれていて、私はその椅子に座って話を始めました。超小型原子炉があれば世界を救えると、いささか緊張しながら。広い部屋でしたので、殿下との距離が数メートルもあり、大きな声で話さなければなりませんでした。話し始めると殿下は私の話に興味をもたれ、席をお立ちになり、私のすぐそばに来て畳の上にそのままお座りになって、いろいろと質問もされ、熱心に聞いてくださいました。私は椅子に座ったままだったので、上から話すことになり、気まずい思いをしたのを覚えています。

もともと15分の予定だったのですが、場が盛り上がり、時間は大幅にオーバーして2時

間近くの滞在となりました。私のことも気に入ってくださったのか、その間、腕相撲まで
させていただきました（右と左で2勝2敗の引き分けでした）。そして、「日本が世界を救
う」という志を気に入っていただき、また、このことの重大さと困難さを慮ってくださり、
リップサービスかもしれませんが、殿下自身が超小型原子炉の推進活動の上にたってもい
いというお話までしてくださったのです。

残念ながらこの話はその後、殿下が入院や手術を繰り返され、薨去されたこともあり、進
展することはありませんでしたが、殿下の想いは大変ありがたく、そして、その想いを無
駄にしてはいけないといまも思っています。

私が原子力を学んで知ったことは、壮大かつ深遠な神様の啓示でした。

人類が未来永劫にわたってこの地球上で繁栄していけるようにと、原子という極小の物
質の中に莫大なエネルギーを神様は隠されたのです。もっとも重い元素であるウランを利
用することで、私たちはその原子力エネルギーを取り出して使うことができます。

通常の原子炉における核燃料の組成では、核爆発は絶対に起こりえません。ゆっくりと
穏やかなエネルギーを出し続けるよう、人間がコントロールすることが可能です。

原子力エネルギーには、数々の奇跡が秘められており、そこには神様の意思があるとし

か考えられないことは、本書で記したとおりです。

私たちが選択するべきは、途方もないお金がかかり故障ばかり起こしている大型かつ複雑な原子炉ではありません。なるべくお金のかからないシンプルな小型の原子炉を製造して各地に分散配置するべきなのです。

なぜ人類は超小型原子炉を選択するべきなのでしょうか？

それは、超小型原子炉を選ぶことが、人類愛と平等の精神にのっとっているからです。

「人類が互いに愛し合い、他民族や少数民族をけして差別することなく、平等の精神に徹して、資源と環境などに運悪く恵まれていない人々を助ける活動を優先し、平等に世界の平和と全人類の幸福を実現する動きを開始しなさい」

これこそが神様の意思です。

アルゴンヌが助けてくれた私の提案する「超小型原子炉」は、原子炉物理学の点から、本質的な安全が得られるように工夫されています。また、信頼性評価の点から、そのシンプルな設計は事故確率がきわめて低く、原子炉の保有する放射性物質も少なく、被曝解析から、たとえ事故が起きた場合でも、物理的に周辺の人々の災害が起こりえません。

すなわち、この絶対安全な超小型原子炉は、世界中のありとあらゆる場所、砂漠や山間、僻地のみならず、大都市においてさえ、分散して配置することが可能なのです。そこから生まれるエネルギーは周辺地域をうるおすには十分であり、また、経済的にも非常に安価なものとなるでしょう。

もし、そのような世の中が実現すれば、富める者も貧しい者もすべての人々が、安全かつ平和な暮らしを享受することができるようになるのです。これを神様の意思と言わずして何と言うでしょう。

ひるがえって、21世紀の現在はどうでしょうか？

人類の大半はいかに経済活動を拡大するかにしか関心がないかのようです。とはいえ、すべての人たちが経済発展の恩恵を受けられるわけではありません。富める者はますます富む一方で、貧しい者はますます貧しくなり、その数はどんどん増えていっています。格差社会は世界規模でその深刻さを増していくでしょう。

資本主義経済のシステムの中では、貧しい人たちに愛の手を差し伸べる余裕などなく、誰も彼も世界平和を願うどころではありません。極端な格差社会は、犯罪やテロを引き起こします。もちろん戦争も起こるでしょう。

おまけに、人類の経済活動には膨大なエネルギーの需要がついてまわり、このまま化石燃料に依存することを続ければ、地球環境は破滅的な打撃を受けることになるでしょう。

大洪水、干ばつ、水不足、日照時間の不足、温湿度の上昇で、病原菌の繁殖や、大型台風と洪水の発生など異常気象の進展で、地理的、地形的にも恵まれない場所に住む人たちには、容赦ない苦難が襲いかかります。

もちろん、地球環境の破壊は富める者、貧しい者にかかわらず全人類に破局をもたらすことになるでしょう。私たちは目の前のニンジンに夢中になるあまり、足元に口を開きつつある大きな破滅の穴に気づこうとしていないのです。

人類が欲望の呪縛から解放され、清貧をよしとする種となることは、当分の間はなさそうです。今後も経済発展を追い求める動きが変わらないのであれば、電力エネルギーを化石燃料から原子力に切り替えることが必要でしょう。

発展途上国が低コストの石炭をそのまま使用して安い電気をつくる動きを、外力で強制的に阻止したり、高価な発電方式を強要するのではなく、石炭よりも安く、豊富で安全なエネルギーとして原子力を提供するのです。そうしてこそ、人類は共存し合い、繁栄を維持できるでしょう。

私たちが暮らす「国」という組織の単位は、大昔にできあがり、中世に発達したといわれています。周囲に城壁を張り巡らせた国という囲いの中に住む人々は、自分たちに都合のよい政治を行なってくれる人を選んで守護してもらっていました。

いま私たちが信奉している民主主義もまた、中世の国が城壁の囲い、中にいる人々だけが幸せになればいいという集団エゴイズム主義と何ら変わりはないものです。

このままでは貧富の差は拡大し続け、絶望的な貧困に苦しみ死んでいく人々の数は増大するばかりでしょう。平等の幸せを目指した世界に変えなければなりません。

原子力発電所からリスクを徹底的に排除することは科学的に十分可能です。放射性廃棄物問題も最新のデータを重視して医科学的にまた工学的に解決すれば、地球環境とエネルギーの基本問題は根本的に解決します。

そしてその技術もデータも日本にはあるのです。

膨大な人口でCO2放出の主役となるアジア圏に位置し、人類生存のために技術先進国としての責務を果たすために、またほとんどの多くの食料を輸入に頼っている自身のためにも、日本は適正な行動を急がなければなりません。地球の非常事態、人類生存のためにも頑張りたいものです。

服部禎男

原子力と放射能に関する年表

1956	中部電力入社
1957	東工大大学院入学。広島訪問
1958	超小型炉に本質安全を確認
1959	オークリッジ原子力研究所へ留学
1960	帰国 浜岡原発計画の推進
1969	CREST会議（原子炉安全技術委員会）
1971	原子力リスク解析理論を発表
1972	動燃事業団・新型原子炉開発本部へ出向
1974	ラスムッセン報告
1977	INFCE（国際核燃料サイクル評価）　※プルトニウム禁止
1980	電力中央研究所・研究開発部の初代原子力部長に就任
1982	ラッキー博士、論文発表 リヨン会議　※アルゴンヌが乾式再処理を発表
1984	3兆円問題→アメリカへ依頼 ラッキー論文を発見
1985	オークランド会議　※ラッキー論文の検証 米国エネルギー省で乾式再処理の交渉
1986	アルゴンヌEBRⅡの大実験成功

	チェルノブイリ事故
1988	アルゴンヌ原子力国立研究所と金属燃料高速炉および乾式再処理に関する研究を開始
	燃料無交換超小型安全炉の発案
	岡山大学で放射ホルミシスの実験開始
1989	電力中央研究所理事に就任
	放射線ホルミシス研究委員会発足。委員長に就任
1993	クリントンストップ　※アルゴンヌとの共同研究がストップ
1994	ワシントンで放射線ホルミシスの研究結果を発表
1995	サンフランシスコで再講演
1996	ポリコーブ博士とファイネンデーゲン博士が論文発表
1997	セビリア会議　※科学者がＩＣＲＰに問題提議
	電力中央研究所特別顧問に就任
1999	ブリッジング会議　※科学と政治に橋を架ける
2001	チュビアーナ博士のダブリン宣言
	電力中央研究所名誉特別顧問に就任
2005	国際ホルミシス学会発足
	第一回バンガード賞受賞
2006	クヌッツォン論文発表
2011	福島原発事故
2013	「放射線の正しい知識を普及する会」発足
	「ＳＡＲＩ」（放射線の正確な知識のための科学者の会）発足

遺《ゆい》言《ごん》

私《わたし》が見《み》た原《げん》子《し》力《りょく》と放《ほう》射《しゃ》能《のう》の真《しん》実《じつ》

服部《はっとり》禎男《さだお》

2017年12月7日　初版発行

発行者　磐﨑文彰
発行所　株式会社かざひの文庫
〒110-0002　東京都台東区上野桜木2-16-21
電話／FAX 03(6322)3231
e-mail:company@kazahinobunko.com
http://www.kazahinobunko.com

発売元　太陽出版
〒113-0033　東京都文京区本郷4-1-14
電話 03(3814)0471　FAX 03(3814)2366
e-mail:info@taiyoshuppan.net
http://www.taiyoshuppan.net

印刷・製本　シナノパブリッシングプレス

装丁　BLUE DESIGN COMPANY
写真　本間寛
イラスト　ふわこういちろう

ISBN978-4-88469-920-8